生活事件视角下煤矿事故中人因失误致因机理及预控研究

张卫华　著

中国矿业大学出版社

内 容 提 要

本书的研究是对人因失误理论的丰富和发展,拓展了煤矿人因失误理论研究范围,为"以人为本"防范煤矿安全事故提供了新的理论依据,有助于推动煤矿人因失误的定量测度和实时监测,形成以预控为核心的煤矿事故中人因失误管理机制,具有较为显著的理论和现实意义。

本书通过构建和实施生活事件视角下煤矿事故中人因失误预控管理对策和保障措施,实现生活事件实时提报、心理压力客观评估、心理干预科学有效、干预方案及时调整,为有效降低煤矿事故中人因失误提供科学的管理方法、保障机制和运行平台。

图书在版编目(C I P)数据

生活事件视角下煤矿事故中人因失误致因机理及预控研究/张卫华著.—徐州:中国矿业大学出版社,2016.11

ISBN 978 - 7 - 5646 - 3347 - 9

Ⅰ.①生… Ⅱ.①张… Ⅲ.①煤矿—矿山事故—人为失误—事故致因理论②煤矿—矿山事故—安全管理—研究
Ⅳ.①TD77

中国版本图书馆 CIP 数据核字(2016)第 271182 号

书　　名	生活事件视角下煤矿事故中人因失误致因机理及预控研究	
著　　者	张卫华	
责任编辑	王加俊　　潘俊成	
出版发行	中国矿业大学出版社有限责任公司	
	(江苏省徐州市解放南路　邮编 221008)	
营销热线	(0516)83885307　　83884995	
出版服务	(0516)83885767　　83884920	
网　　址	http://www.cumtp.com　**E-mail**:cumtpvip@cumtp.com	
印　　刷	徐州中矿大印发科技有限公司	
开　　本	787×960　1/16　**印张** 11.25　**字数** 214 千字	
版次印次	2016 年 11 月第 1 版　2016 年 11 月第 1 次印刷	
定　　价	28.00 元	

(图书出现印装质量问题,本社负责调换)

前　言

目前有关煤矿人因失误研究尚处于第一代静态的专家判断与统计分析相结合的初级阶段，相比于结合认知心理学展开人因失误研究的第二阶段还有较大的差距，煤矿人因失误理论研究相对滞后。与此同时，在安全管理实践中，煤炭企业侧重于关注煤矿工人工作八小时之内的安全管理，而忽视了煤矿工人工作八小时之外所遭遇的生活事件对其人因失误所造成的直接或潜在影响。因此，本书基于人因失误理论、认知心理学理论及安全管理理论，以煤矿工人生活事件为研究对象，以"生活事件—心理压力—个体机能下降—人因失误"为研究主线，厘清生活事件视角下煤矿事故中人因失误致因机理，明确生活事件引发煤矿事故中人因失误的传导路径，设计生活事件对人因失误影响的量化方法，架构生活事件视角下煤矿事故中人因失误预控管理及保障体系。

本书重点研究四个方面内容：(1) 探究生活事件视角下煤矿事故中人因失误致因机理。根据人因失误理论、认知心理学理论等相关理论，界定煤矿工人生活事件、心理压力和人因失误等概念的内涵、外延和特征向量，系统分析生活事件对煤矿事故中人因失误影响过程，厘清了生活事件视角下煤矿事故中人因失误致因机理，确定了生活事件视角下煤矿事故中人因失误的三个阶段和四大关键要素。(2) 应用结构方程模型方法展开生活事件视角下煤矿事故中人因失误影响机理理论模型的实证研究。通过理论分析提出研究假设及理论模型，构建用于结构方程模型的观测变量、潜变量、结构方程模型及模型检验的研究方法，通过调查问卷获取基础数据，并应用结构方程方法对模型的拟合优度进行检验、假设路径检验，并确定了 LPIH 结构方程模型。(3) 展开生活事件视角下煤矿事故中人因失误影响阈值测度研究。首先采用问卷调查法开发煤矿工人生活事件量表。通过生活事件初始条目池构建、生活事件条目分析、量表的信度和效度检验，确定了生活事件条目，并在此基础之上确定了生活事件改变单位值和生活事件影响时间值，进而开发出包含 44 项生活事件的煤矿工人生活事件量表。然后，以煤矿工人生活事件量表为基础，应用调查问卷、统计分析和离散排序模型等方法确定了导致不同人因失误率的生活事件累计改变单位的阈值。最后，应用情景分析法对煤矿工人生活事件累计改变单位落在阈值区间的概率作出情景分析。(4) 设计生活事件视角下煤矿事故中人因失误预控管理对策和保障措施。基于生活事件对煤矿事故中人因失误致因路径，确定生活事件导致人因失误的防控重点,并围绕人因失误防控重点设计生活事件提报机制、心理压力评估机制、心理干预机制和心理干预效果评估机制等四项机制。为确保四项机制的有效实施,进一步设计组织机构保障体系、管理制度保障体系、文化教育保障体系和软件平台支撑体系等四项保障措施。

通过上述研究,本书主要得出了四项研究结论:(1)在遭受生活事件后,煤矿工人根据其认知特征对生活事件精神影响程度、改变程度、处理能力等作出认知评价,并以认知评价为基础采取问题取向应对和情绪取向应对,若应对失败,则会导致煤矿工人产生心理压力,受心理压力影响其心理机能和生理机能下降,进而导致煤矿工人作业过程中出现感知过程失误、识别判断过程失误和行为操作过程失误。(2)生活事件对人因失误有显著的正向影响,且影响效应值为0.625 1,其三条致因路径分别为"生活事件—心理压力—心理机能—感知过程失误—识别判断过程失误—行动操作过程失误"、"生活事件—心理压力—心理机能—识别判断过程失误—行动操作过程失误"和"生活事件—心理压力—生理机能—行动操作过程失误"。(3)当生活事件累积改变单位(Life event Cumulative Change Unit,LCCU)≤78 时,煤矿工人人因失误率非常低;当 78<$LCCU$≤124 时,人因失误率较低;当 124<$LCCU$≤162 时,人因失误率适中;当 162<$LCCU$≤197 时,人因失误率较高;当 $LCCU$>197 时,人因失误率非常高。(4)应用情景分析法考察煤矿工人生活事件累计改变单位落在阈值区间的概率,分析结果表明,随着煤矿工人一年内遭遇的生活事件的数量增加,$LCCU$ 值落在由低到高的阈值区间内的概率呈先递减、递增递减和急剧递增趋势。

最后,根据上述研究结论,为了解决生活事件导致煤矿事故中人因失误问题,本书通过构建和实施生活事件视角下煤矿事故中人因失误预控管理对策和保障措施,实现生活事件实时提报、心理压力客观评估、心理干预科学有效、干预方案及时调整,为有效降低煤矿事故中人因失误提供科学的管理方法、保障机制和运行平台。

本著作得到国家自然基金项目(71271206)"多因素耦合作用下煤矿事故复杂机理及其风险度量研究"的资助。

由于时间仓促,加之水平所限,疏漏和不足之处在所难免,敬请读者批评指正。

著 者

2016 年 10 月

目　　录

1 绪 论

1.1 研究背景及问题提出

1.1.1 研究背景

安全是一个恒久而沉重的话题,人类社会越向前发展,人类的文明程度越高,人们对安全的要求和重视程度也就越高。虽然近几年我国煤矿安全生产状况有所好转,但形势依然严峻。煤矿安全生产关系到煤矿工人生命安全,关系到煤炭企业可持续健康发展。因此,煤矿安全一直受到国家和社会的广泛关注。

(1)我国煤矿安全形势虽然有所好转,但煤矿事故仍然频发

我国高度重视煤矿安全生产,制定了一系列有效的政策措施,煤矿安全监察监管、行业管理部门和煤炭企业坚持"安全第一、预防为主、综合治理"的方针,牢固树立安全发展的科学理念,实现了煤矿安全状况持续稳定好转,我国煤矿百万吨死亡率逐年下降。1980 年我国煤矿百万吨死亡率为 8.17,1989 年为 7.07,2001 年为 5.03,2005 年为 2.81。2009 年全国煤矿百万吨死亡率为 0.892,首次降到 1 以下。2011 年为 0.564,事故死亡人数首次降至 2 000 人内。根据安监总局通报,2013 年全国煤矿百万吨死亡率降至 0.293,同比下降 21.7%,首次下降至 0.3 以内[1]。我国煤炭生产安全状况变化趋势如图 1-1 所示。

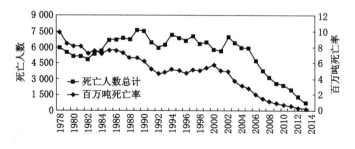

图 1-1 我国煤炭生产安全状况变化趋势

目前,发达国家的产煤百万吨死亡率大致为 0.02～0.03,美国 2009 年煤矿百万吨死亡率为 0.03,2011 年仅为 0.019。可见,与国际先进水平相比,我国安

全生产各项指标仍然比较落后,亿元 GDP 事故死亡率、煤矿百万吨死亡率等仍然是发达国家的数倍甚至数十倍。

2013 年我国共发生各类煤矿事故 604 起,死亡 1 067 人,安全形势已经达到历史最好水平[2],平均每周发生约 11 起煤矿死亡事故,每周死亡人数约 20 人。2014 年截至 5 月 20 日,全国煤矿共发生了 190 起事故,死亡 319 人,煤矿事故的总起数较 2013 年同期下降 19%,死亡人数下降 37%,平均每周发生约 10 起煤矿死亡事故,每周死亡人数约 17 人。由此可见,煤矿事故发生频次仍然较高,严峻的安全形势严重威胁着煤矿工人生命安全和煤炭企业的可持续发展。

(2) 人因失误是导致煤矿安全事故的主要原因

安全事故的发生主要有两方面的因素,即人的不安全行为和物的不安全状态。国内外统计分析表明,在构成伤亡事故的人的不安全行为和物的不安全状态两类因素中,由于人的不安全行为而导致的事故占事故总数的 70%～90%[3]。美国安全工程师海因里希通过统计研究发现,在 100 起事故中,有 88 起是由于人为原因引起的[4]。由此可见,人是导致事故的主因。

J. Reason(1990)将人因失误定义为"是指所有这样的现象,即人们虽然进行了一系列有计划的心理操作或身体活动,但没有达到预期的结果,而这种失败不能归结为某些外界因素的介入"[5]。J. Reason 将人的失误归于两大类:一类是执行已形成意向计划过程中的失误,称为疏忽和过失;另一类是在建立意向计划中的失误,称为错误或违章。不安全行为是工人在生产过程中出现的疏忽、过失、错误和违章等现象,是人因失误的特例。由于煤矿现场作业环境条件复杂、工人作业强度高、工作单调、作业程序相对复杂和工人文化素质较低等原因,煤矿工人作业失误相对较高,我国 80% 以上的煤矿事故直接或间接源于煤矿工人的不安全行为[6]。国家煤矿安全监察局根据统计分析指出,由于违章指挥、违章作业、违反劳动纪律等不安全行为所导致的生产事故占事故总数的 70% 以上。原能源部安全环保司对我国重特大煤矿安全事故统计分析发现,在所有导致煤矿重大事故的直接原因中,人因失误导致的事故占总数的 97% 以上[7]。可见,人因失误是导致煤矿事故的主要原因。

(3) 生活事件是导致煤矿事故中人因失误的主要影响因素

根据人因工程学理论,安全生产系统中人因失误的影响因素一般包括物质性、组织性和个体性因素[8],具体内容见表 1-1。本书针对某煤矿集团 3 年内由于人因失误所导致的 143 起安全事故,按照人因失误因素进行统计分析,得出由于物质性因素导致的安全事故有 16 起,占 11.2%;由于组织性因素导致的安全事故有 25 起,占 17.5%;由于个体性因素导致的安全事故有 102 起,占 71.3%。

表 1-1	煤矿生产系统中人因失误的影响因素	
因素类别	具体说明	因素所占比重/%
物质性	人机界面、作业环境、作业工具等	11.2
组织性	组织文化、安全制度、管理规范、作业流程等	17.5
个体性	生理机能、个体心理、知识技能等	71.3

目前煤炭企业高度重视安全生产,加大资金投入改善作业环境,选择安全性能高的作业工具。随着煤矿生产机械化水平的提高和生产技术的进步,生产系统中人机匹配性能不断增强,人机界面不断改善,人机学原因所导致的人因失误大为减少[9,10]。因此,由于物质性因素导致的人因失误相对较低,这与表 1-1 中统计分析得出的结论相一致。

近些年,煤炭企业不断加强软环境建设,注重安全文化和安全管理制度建设,不断完善煤炭企业的安全管理规范和作业流程,使得由于组织性因素所导致的人因失误有所降低[11],这与表 1-1 中统计分析得出的结论相一致。

根据表 1-1 数据统计可知,由于煤矿工人的个体性因素所导致的人因失误占 71.3%,可见,个体性因素是导致人因失误的主要因素。煤炭企业一向注重工人的知识和技能培训,并要求煤矿十大工种必须持证上岗。可以说,煤矿工人在知识和技能方面符合安全作业要求,由于知识和技能不足所导致的人因失误比例相对较低。可见,由于生理机能、个体心理等个体性因素所引发的人因失误比例相对较高。那么,是什么原因影响个体生理和心理机能,进而导致人因失误?关于这一问题笔者通过对煤矿安全事故进行调研后得知,作为生产系统主体的煤矿工人,在复杂多变的社会环境中不可避免地遭受各种生活事件刺激,对其个体性因素产生不利影响。在调查多起煤矿安全事故原因时,曾经听到煤矿安监局工作人员对事故原因这样评价,"这几起事故原本不该发生,不知道当事人怎么了,要么发生了低级的误操作,要么听不到警示信号,导致当事人死亡或受重伤"。为了解释这种现象,笔者会同煤矿安监局对煤矿安全事故进行心理原因调查,在与当事人进行访谈时发现大部分当事人在事故发生前都遭受了重大生活事件,其中包括父母得了严重的疾病或者病危、夫妻吵架感情破裂、独生子打架致对方重伤外逃、赌博输钱等,这些生活事件直接导致煤矿工人的心理状态失衡,甚至导致心理危机。受生活事件影响,煤矿工人心理压力过大,其生理机能和心理机能下降,在作业过程中存在感知环境信息方面的失误、处理信息和决策失误及行动操作失误,进而导致事故的发生。由此可见,生活事件是导致人因失误的主要影响因素。

综上所述,生活事件是导致煤矿事故中人因失误的主要影响因素,也是诱发煤矿安全事故的危险源之一。而目前已有研究中,针对生活事件导致煤矿事故中人因失误的重视程度不够,缺乏系统思考。在目前煤炭企业安全管理实践中,煤炭企业更加关注煤矿工人工作八小时之内的安全管理,忽视了他们工作八小时之外所遭遇的生活事件对其人因失误所造成的不利影响,这也是煤矿安全事故频发的原因之一。

从人因失误的主体来看,我国学者田水承教授将煤矿生产系统中的人因失误分为个体操作失误和管理者决策失误[12]两种。煤矿工人和管理者在遭受生活事件刺激影响时,都会对其工作可靠性产生不利影响。而本书主要以煤矿一线操作工人为研究对象,展开生活事件对煤矿事故中人因失误的影响研究,管理者决策失误不在本书的研究范畴。因此,本书从生活事件视角以煤矿一线工人为研究对象展开煤矿事故中人因失误的研究。

1.1.2　问题提出

基于上述研究背景,本书以煤矿生产一线工人为研究对象,以生活事件为视角,分析生活事件对煤矿事故中人因失误的影响机理,为有效控制煤矿工人人因失误以及制定预控管理对策提供着力点。通过开发煤矿工人生活事件量表,确定导致人因失误的生活事件,设计生活事件对人因失误影响阈值测度方法,为科学筛选干预对象提供科学方法。设计生活事件视角下煤矿事故中人因失误预控管理对策和保障措施,为煤炭企业有效降低煤矿工人人因失误提供科学的管理方法、保障机制和运行平台。

基于以上考虑,本书重点解决以下问题:

(1)生活事件如何对煤矿事故中人因失误产生影响?其影响程度、影响方向及其影响路径如何?

(2)哪些生活事件对煤矿工人产生影响?其影响强度及影响时间如何?

(3)生活事件对煤矿事故中人因失误影响如何测度?不同人因失误率情况下生活事件改变单位的累计值的阈值是多少?

(4)如何建立生活事件视角下煤矿事故中人因失误预控管理对策?如何确保生活事件视角下煤矿事故中人因失误预控管理对策贯彻实施?

1.1.3　研究意义

1.1.3.1　理论意义

(1)基于生活事件对煤矿事故中人因失误重要影响的新视角,根据人因失误理论和认知心理学理论,将生活事件引入煤矿事故中人因失误研究,使煤矿事故中人因失误研究从第一代静态的专家判断与统计分析相结合的第一阶段研究进入结合认知心理学展开人因失误研究的第二阶段,从只关注知识和技能因素拓展到心理因素,并构建出生活事件视角下煤矿事故中人因失误致因机理理论模型,揭示生活事件对煤矿事故中人因失误的致因机理,拓展了煤矿事故中人因失误理论研究的范围,是对煤矿事故中人因失误理论的发展。

(2)应用结构方程模型方法实证研究生活事件视角下煤矿工人人因失误致因机理,通过实证研究确定生活事件导致煤矿事故中人因失误的致因路径和生活事件对人因失误影响效应值,弥补生活事件视角下煤矿事故中人因失误致因机理理论研究和实证研究的不足。

(3)在广泛调研的基础上,应用问卷调查法开发煤矿工人生活事件量表,提出基于生活事件视角下煤矿事故中人因失误测度方法,并确定煤矿工人生活事件累积改变单位对人因失误的影响阈值,进而拓展煤矿工人生活事件对人因失误定量研究方法,有助于推动煤矿事故中人因失误定量研究进程。

(4)基于生活事件的新视角,使煤矿事故中人因失误管理从工人工作八小时之内扩展到工作八小时之外,同时构建了煤矿事故中人因失误预控管理对策和保障对策,完善了煤矿事故中人因失误预控管理体系。

1.1.3.2 现实意义

(1)根据人因失误理论、认知心理学理论等相关理论,界定了煤矿工人生活事件、心理压力和人因失误概念的内涵、外延和特征向量,系统分析了生活事件对煤矿工人人因失误影响过程,厘清了生活事件视角下煤矿事故中人因失误致因机理,确定了生活事件视角下煤矿事故中人因失误的三个阶段和四个关键要素,并构建出生活事件视角下煤矿事故中人因失误致因机理(LPIH)理论模型,为煤炭企业从煤矿工人生活事件视角对人因失误进行管理和控制提供理论基础。

(2)利用问卷调查、统计分析、结构方程模型等方法,经过实证研究构建了生活事件视角下煤矿事故中人因失误致因机理模型,并通过实证研究确定生活事件导致煤矿事故中人因失误的致因路径和生活事件对人因失误影响效应值,为煤炭企业分析确定人因失误预控重点和切断传导路径提供理论依据。

(3)通过开发煤矿工人生活事件量表,确定了导致不同人因失误率的生活事件改变单位的累计值的阈值,提出了基于生活事件视角下煤矿事故中人因失误测度方法,为煤炭企业科学筛选干预对象提供科学方法。

(4)构建了基于生活事件视角下煤矿事故中人因失误预控管理对策。基于生活事件对煤矿事故中人因失误致因路径,确定生活事件导致人因失误的防控重点,并围绕人因失误防控重点设计生活事件提报机制、心理压力评估机制、心理干预机制和心理干预效果评估机制等四项机制,实现生活事件实时提报、心理压力客观评估、心理干预科学有效、干预方案及时调整,为煤炭企业有效降低煤矿事故中人因失误提供科学的管理方法。

(5)设计生活事件视角下煤矿事故中人因失误预控管理保障对策。结合煤矿事故中人因失误预控管理四项机制,设计组织机构保障体系、管理制度保障体系、文化教育保障体系和软件平台支撑体系四项人因失误预控保障对策,从而确保生活事件视角下煤矿事故中人因失误预控管理对策得到高效的贯彻和执行。为煤炭企业人因失误预控管理对策落地提供保障,进而提高煤炭企业安全管理实践的效率和效果。

1.2 研究目标与内容

1.2.1 研究目标

为进一步提升煤矿安全管理水平,完善煤矿事故中人因失误理论,本书以煤矿工人为研究对象,以生活事件为研究视角,通过系统分析与探寻生活事件视角下煤矿事故中人因失误致因机理,并设计相应预控管理对策,最终实现如下研究目标:

(1)厘清生活事件视角下煤矿事故中人因失误致因机理。包括在生活事件视角下煤矿事故中人因失误形成过程及关键要素、煤矿事故中人因失误致因路径,为有效控制煤矿事故中人因失误以及制定预控管理对策提供着力点。

(2)开发出煤矿工人生活事件量表,确定导致人因失误的生活事件;形成生活事件对煤矿事故中人因失误影响测度方法,确定煤矿工人生活事件累积改变单位对人因失误影响阈值,为有效筛选心理干预对象提供科学方法。

(3)形成生活事件视角下煤矿事故中人因失误预控管理对策和保障措施,构建出生活事件提报机制、心理压力评估机制、心理干预机制和心理干预效果评估机制,并建立相应的组织机构保障体系、管理制度保障体系、文化教育保障体系和开发软件平台,为煤炭企业有效降低煤矿事故中人因失误提供科学的管理方法、保障机制和运行平台。

1.2.2 研究内容

本书深入研究生活事件视角下煤矿事故中人因失误致因机理及人因失误预控管理对策。主要研究内容包括:

(1)针对人因失误、生活事件、心理压力等方面国内外相关研究成果进行文献评述。主要研究内容包括:① 对人因失误、生活事件和心理压力的概念进行初步界定;② 对人因失误形成机理、心理压力形成机理、生活事件对人因失误影响测度和煤矿人因失误预控管理等研究成果进行文献评述,重点了解相关研究的理论进展和理论适用性,并确定本书研究的理论基础;③ 综合分析生活事件、心理压力和人因失误等研究成果,确定目前有关煤矿事故中人因失误研究的不足,确定本书的主要研究内容。

(2) 构建生活事件视角下煤矿事故中人因失误致因机理理论模型。主要研究内容包括:① 界定煤矿工人生活事件、心理压力和人因失误概念的内涵、外延和特征向量;② 系统分析生活事件视角下煤矿工人心理压力形成过程,着重分析生活事件、认知评价及应对导致煤矿工人心理压力的过程;③ 系统分析心理压力对煤矿工人人因失误影响过程,着重分析心理压力对个体机能影响过程和个体机能对人因失误影响过程;④ 确定生活事件视角下煤矿事故中人因失误的三个阶段和四个关键要素,并构建出生活事件视角下煤矿事故中人因失误致因机理(Life event,Psychological stress,Individual function,Human error,LPIH)理论模型。

(3) 应用结构方程模型方法展开生活事件视角下煤矿事故中人因失误致因机理的实证研究。主要研究内容包括:① 研究方法设计,设计用于本书实证研究的方法,并完成 LPIH 结构方程模型的初步设定;② LPIH 结构方程模型的识别,通过调查问卷获取调研数据,并进行信度和效度检验,确定结构方程模型各潜变量的观测变量;③ LPIH 结构方程模型设定与估计,在结构方程模型识别的基础上,确定各个潜变量的观测变量,并通过调查问卷所获取的数据,结合已经提出的概念模型,构建出结构方程模型的测量模型和结构模型,应用 AMOS 17.0 软件工具对模型中的参数求解;④ LPIH 结构方程模型评价与修正,应用模型适配度检验方法对模型进行适配度评估,以检验模型对样本观测值的拟合程度,如果模型拟合优度指标不能通过相关检验,通过改变观测指标、路径关系等对原模型进行修正,确定 LPIH 结构方程模型;⑤ 研究结论分析,对研究假设进行分析解释,确定生活事件导致煤矿事故中人因失误的致因路径及路径系数。

(4) 展开生活事件对煤矿事故中人因失误影响阈值测度研究。主要研究内容包括:① 开发煤矿工人生活事件量表,构建煤矿工人生活事件条目池,对生活事件条目进行效度和信度检验,确定煤矿工人生活事件条目和生活事件的改变单位及影响时间;② 确定不同人因失误率下的生活事件改变单位的累计值的阈值,重点设计生活事件对煤矿事故中人因失误影响测度方法,在开发出煤矿工人生活事件量表的基础上,应用多元离散选择排序和调查问卷方法确定不同人因失误率下的生活事件改变单位的累计值的阈值;③ 应用情景分析法对煤矿工人生活事件累积改变单位落在阈值区间的概率作出情景分析。

（5）设计生活事件视角下煤矿事故中人因失误机理预控管理对策。主要研究内容包括：① 设计生活事件提报机制，确定生活事件提报主体、生活事件信息接收主体、生活事件信息提报渠道、生活事件信息提报的内容和生活事件信息提报及处理流程；② 设计心理压力评估机制，确定心理压力评估的数据库、心理压力评估主体和心理压力评估方法；③ 设计心理干预机制，确定心理干预主体、生活事件属性调查方案、煤矿工人背景调查方案、心理干预等级、心理干预模式选择和心理干预流程等；④ 设计心理干预效果评估机制，设计心理干预效果评估流程和心理干预效果评估表。

（6）设计生活事件视角下煤矿事故中人因失误机理预控管理保障措施。主要研究内容包括：① 设计组织机构保障体系，明确各职能部门的构成、责任和任务；② 设计管理制度保障体系，明确各职能部门的制度体系及制度作用；③ 设计文化教育保障体系，明确文化建设的内容体系、文化建设的实施体系和文化教育体系实施流程；④ 开发软件平台，设计软件平台的功能和界面，并通过编程实现。

1.3　研究思路与方法

1.3.1　研究思路

围绕研究内容，本书的研究技术路线如图 1-2 所示。

1.3.2　研究方法

根据本书的研究内容，拟采用的主要研究方法包括：

（1）应用理论推演法，基于人因失误理论、认知心理学及安全心理学理论构建生活事件事件下煤矿事故中人因失误致因机理理论模型。

（2）应用结构方程模型（SEM）法对生活事件视角下煤矿事故中人因失误致因机理进行实证研究，应用 SPSS 和 AMOS 软件工具进行统计分析。在通过调查问卷法获取基础数据的基础上，运用 SPSS 分析软件对问卷进行初步分析，验证数据的效度和信度。运用 AMOS 17.0 软件，基于最大似然估计法的结构方程模型对假设模型的拟合优度和模型中的路径进行检验分析。

（3）利用问卷调查法、访谈法、集值统计等方法开发煤矿工人生活事件量表，应用多元离散选择排序和调查问卷方法确定不同人因失误率下的生活事件改变单位的累计值的阈值。

（4）应用管理学相关理论，设计煤矿事故中人因失误预控管理对策和保障体系，应用系统分析法和信息系统分析与设计法设计软件平台系统。

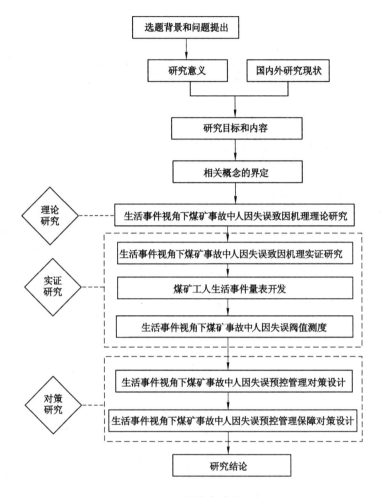

图 1-2　研究技术路线图

1.4　本章小结

本章介绍了本书的研究背景,并提出了研究的主要问题,即生活事件视角下煤矿事故中人因失误致因机理及预控研究。本章从理论和实践价值方面分析了本书的研究意义,确定了本书研究目标、研究内容及研究思路,并设计了本书研究所采用的研究思路和研究方法。

2 国内外研究评述

2.1 生活事件、心理压力和人因失误概念评述

2.1.1 生活事件概念评述

自从 Selye 在 20 世纪 30 年代提出应激的概念后,学者们日益关注作为社会应激源的生活事件(Life Events)对身心健康的影响作用[13]。对生活事件概念的界定,至今尚没有完全统一,其中最具代表性的定义如表 2-1 所示。

表 2-1　　生活事件概念汇总

研究者	生活事件概念
Holmes,Rahe	生活事件是指"它们的出现或是预示或是实际需要个体的生活方式作重大改变"[14]
A. Myers	生活事件定义为"涉及转变角色、改变环境或被迫接受痛苦的体验"[15]
Veronica,Kyra	生活事件是"在一般意义上容易引起许多人的情绪失调,并经常涉及危险或健康状况与生活方式的重大改变,或涉及重大的成功和失败的事件"[16]
E. Kim	生活事件是一种客观情势,面临这种情势将引起"普遍的应激"和"涉及遭受痛苦或需要转变角色的体验"[17]
李心天	生活事件指人们在日常生活中遇到的各种各样的社会生活的变动,是测量应激和心理健康的重要指标[18]
李月	生活事件是指个体在社会生活过程中所经历的各种变动,包括正性(积极)和负性(消极)两种。正性生活事件可以使个体的情绪情感产生愉快体验,促进其情绪向积极方面发展;负性生活事件可以使个体产生不安、消沉、焦虑等情绪情感体验,影响个体的情绪向消极方面发展[19]
Pal Skalle	从压力源的作用程度可分为重大生活事件和一般生活事件,重大生活事件是指与个体利害关系重大,超出了个体承受能力、突发性不堪重负的灾难事件,如亲人意外亡故等;一般生活事件是指发生在生活工作中给个体带来一定困扰和压力的事件,如夫妻吵架、违章被罚款等。重大生活事件比一般生活事件对个体情绪影响程度更大[20]

尽管不同的研究者根据自己的见解,不断地赋予生活事件新的内涵,拓展生活事件的外延,但纵观上述观点,可以这样把握生活事件的要义:① 生活事件具有"刺激"属性,即引起个体情绪波动,并导致心理失衡;② 生活事件具有"改变"属性,即导致个体原有生活方式的改变;③ 生活事件按性质划分,可分为正性(积极)生活事件和负性(消极)生活事件,按作用程度划分,可分为重大生活事件和一般生活事件。

基于学者对生活事件概念的定义,本书将生活事件的概念总结为:对个体日常生活带来改变,引起个体情绪波动,并导致心理失衡,需要个体进行应对或适应的事件。生活事件包括所有个体在日常生活中遭遇的正性或负性事件、重要生活事件或日常烦扰事件。

2.1.2　心理压力概念评述

基于心理压力在本书研究中的重要作用,本书对心理压力相关研究进行评述。多年来,关于"心理压力"的探讨十分广泛,但"心理压力"作为一个科学概念,尚无法盖棺定论。压力(stress)一词是从古法语中的"distress"引进英语的,指的是"置于狭窄和压迫之中"。从词源来看,"stress"一词有"重压"、"压抑"、"压迫"等含义,也有"重要"、"强调"的含义[21]。"stress"一词在物理学、工程学和建筑学上是指压力和应变。Hans Selye 最早把压力引入生物学科,借指人类面临的困境与逆境,指对人的压力[22]。Cannon 于 1925 年把压力引入社会研究领域并广泛使用。最具代表性的定义如表 2-2 所示。

表 2-2　　　　　　　　　　　　心理压力概念汇总

研究者	心理压力概念
Hans Selye	Hans Selye 发现许多生理变化出现在警觉反应阶段,如神经紧张、容易发怒等,这有助于不断增加心理觉醒能力。为此他得出结论:这种生理变化代表了机体对任何压力源的反应,这些变化可以作为压力的客观指标,最好把压力定义为躯体对施加给它的任何要求所作出的一般的非特异性反应[23]
S. Ciarke	压力就是在外部因素影响下的体内平衡紊乱,在危险未减弱的情况下,机体处于持续的唤醒状态,最终会损害健康[24]
Lazarus,Folkman	心理压力是由事件和责任超出个人应对能力范围时所产生的焦虑状态,是一个人对某种压力源是否构成压力以及自己应对压力源能力的评估,心理压力过程由压力源、对压力源的认知评价及应对和压力反应四个环节构成[25]
Hlipps,Hlpin	压力的产生只发生于个体自认为无法应对某个要求结果的时候[26]

研究者	心理压力概念
阿瑟·S.雷伯	"stress"主要从两方面进行界定，即"stress"指"压力"或"应激"，具体为：① "stress"通常是指作用于系统并使系统明显变形的某种力量，常带有"畸形"或"扭转"的涵义，用来指有关物理的、心理的和社会的力量；② "stress"是指由定义①中的各种力量或压力所产生的心理紧张状况，即所谓的"应激"，它是指一种效应，是其他压力的结果，通常用应激物"stressor"表示，具体作为"动因"的意思[27]
张春兴	压力(stress)一词在心理学上有三种解释：① 指环境中客观存在的某种具有威胁性刺激；② 指具有威胁性的刺激引起的一种反应组类型；③ 指刺激与反映的关系。定义③表明了，压力是指对于环境中具有威胁性的刺激，个体在认知其性质后所表现的反应，心理学的"stress"多指这种解释[28]
张林,车文博	"心理压力感主要是指个体面对日常生活中的各种生活事件、突然的创伤性体验、慢性紧张(工作压力、家庭关系紧张)等压力源时所产生的心理紧张状态。"适度的身心紧张状态对机体适应环境、应对问题是有利的。但如果紧张反应过于强烈持久，超过了机体自身的调节和控制能力，就可能导致心理和生理功能的紊乱而致病[29,83]
刘克善	心理压力实际上指一种综合的心理状态，在个体意识到他人或外界事物对自己构成威胁，即对压力源进行主观反应时，才可能产生心理压力，其主要表现为认知、情绪、行为的有机结合；另外，心理压力是一种内心感受，由于个体对刺激情境或事件的应对方式、认知评价、个性特征及压力的承受能力等方面的差异，同一刺激情境或事件可能使个体产生不同的心理感受[30]
姜乾金	压力是由生活事件引起的心身症状，这里的生活事件可称为压力源，身心症状可称为压力反应。压力源涉及面很广，包括工作、家庭、人际、经济等方面的生活事件，会给人带来压力；压力反应也包括多个方面，有心理上的焦虑、抑郁等，有行为上的冲动、退缩等，也有躯体上的疲惫、失眠、疼痛等[31]
欧金华	心理压力主要包括如下几个方面的涵义：一是心理压力是一种心理状态；二是心理压力是对压力事件的反应而形成的；三是心理压力表现为认知、情绪、行为的有机结合[32]
黄希庭	把心理学所说的压力分为压力源、压力反应、压力感 3 种含义。压力有持久性和暂时性之分，当压力变成一种持续性存在的感受时，就叫作生活压力[33]
张厚粲	在《大学心理学》中对压力有比较深刻的阐述，她认为个体在面对具有威胁性刺激情境时，伴有躯体机能以及心理活动改变的一种身心紧张状态，也称应激状态，有暂时性和持久性区别[34]
傅维利	压力是个体基于外界刺激产生的一种紧张状态，这种紧张状态的持续作用会引发个体情绪变化和生理反应。压力有三个要素：压力源(即导致压力产生的诱因)、个体对压力源的主观评估、个体的情绪和生理反应[35]

基于上述学者对心理压力定义,总结如下:① 心理压力的产生是由于外界客观环境具有威胁性的、超出个体应对能力的压力源的刺激,所产生的心理紧张状态;② 心理压力表现为"情绪"、"认知"、"生理"和"行为"属性;③ 心理紧张状态的持续作用会引发个体心理反应和生理反应,并导致个体机能下降即心理机能和生理机能下降;④ 心理压力产生过程是由压力源、认知评价、应对和压力反应等四个环节构成。

基于学者对心理压力概念的定义,本书将心理压力的概念总结为:个体在认识到内外部环境的要求对其构成了威胁或超出其应对能力时所产生的一种心理紧张状态,并导致生理机能和心理机能下降的结果。

2.1.3 人因失误概念评述

多年以来,关于"人因失误"的研究十分广泛,但"人因失误"作为一个科学概念,不同的学者从不同角度给出了不同的定义。具有代表性的人因失误概念总结见表 2-3。

表 2-3 人因失误概念汇总

研究者	人因失误概念
J. Surry	根据人的信息处理过程,即感觉、认识和行为响应过程,人因失误即人感知环境信息方面的失误,信息刺激人脑、人脑处理信息并做出决策的失误,行为输出时的失误等方面[36]
陈宝智	人的行为明显偏离预定的、要求的或希望的标准,它导致不希望的时间拖延、困难、问题、麻烦、误动作、意外事件或事故[37]
Rigby	如果系统确定的要求没有达到满足或者没有充分满足,那么人的行为将会被评价为失误[38]
Reason	从心理学的角度,将人因失误定义为"失误是指所有这样的现象,即人们虽然进行了一系列有计划的心理操作或身体活动,但没有达到预期的结果,而这种失败不能归结为某些外界因素的介入"。Reason 将人的失误归于两大类:一类是无意图的失误行为,包括疏忽和过失;另一类是有意图的失误行为,包括错误或违反[39][5]
Swain	任何超过一定接受标准——系统正常工作所规定的接受标准或允许范围的人的行为或动作。Swain 从行为主义角度将人因失误分为遗漏型(omission)失误和执行型(commission)失误两种。遗漏型失误的特点是遗漏整个任务或遗漏任务中的某一项或几项。执行型失误的特点包括:① 选择失误——选择错误的控制器,不正当控制动作;② 序列失误——选择错误的指令或信息,未给出详细的分析;③ 时间失误——作业过程中出现操作太早或太晚等现象;④ 完成质量失误——没有按照作业标准进行作业[40]

研究者	人因失误概念
Senders，Moray	将人因失误定义为操作者没有意向(intention)、规则或外部观察者没有期望却导致任务或系统超过可接受阈值的操作者行为[41]
Themes	人因失误是指任何导致系统负面后果以及没有必要执行的行动或不为[42]
Rothblum	人因失误是受个体身心影响所做出的不正确的决策、不恰当的行为或恰当的不为[43]
李鹏程	如果作用于系统的人的任何行为(包含没有执行或疏于执行的行为)超出了系统的允许度，那么就是人因失误[44]
张力	人因失误是指在没有超越人—机系统设计功能的条件下，人为了完成其任务而进行的有计划行动的失败，它包括个体和组织的失误。其主要表现在：未能完成必要的功能；实践了不应该完成的任务；对意外未作出及时的反应；未意识到危险情境；对复杂的认知反应作出了不正确的决策。人的行为复杂性与生产系统要求的相对完美性，在一定程度上会造成人作业的无序性和不确定性，导致作业目的与实际作业效果之间的偏差，这种偏差持续一定的时间后就表现为人因失误[45]

尽管不同的学者从不同角度给出了不同的定义，并不断地赋予人因失误新的内涵和外延，但纵观上述观点，对人因失误要义总结如下：① 人因失误具有"失误"属性，即导致行为的结果偏离了规定的目标；② 人因失误具有"人因"属性，"人因"属性是指个体感知、识别判断和行动操作；③ 人因失误分为有意图失误和无意图失误。

综上所述，本书将人因失误概念总结为：在特定的作业环境和要求下，在作业过程中由于个体感知过程失误、识别判断过程失误和行动操作过程失误而导致的行为结果偏离了规定的目标。

2.2　人因失误研究评述

2.2.1　人因失误致因机理研究

国内外学者对人因失误的机理进行了大量研究。人因失误研究的发展经历了两个阶段：第一阶段是基于人失误率预测技术建立的第一代静态的专家判断与统计分析结合的方法；第二阶段是结合认知心理学，通过建立人的认知可靠性模型，重点研究人在紧急状态下的动态认知过程，主要内容是将人放在事故情景中，不采用分解赋值，而是去探究人的失误机理的研究方法。

心理学、管理学、行为科学等相关学科的发展,加深了人们对人因失误的理解和认识。相关专家学者对失误产生机理和产生条件做了大量的探索和研究,并提出了 SOR 模型、皮特森的人因失误模型、决策阶梯模型和通用失误模型等,为人因失误理论应用奠定了更加坚实的基础。

(1) SOR 模型

人因失误是指人行为的失误。因此,必须对人的行为进行研究。SOR 模型(图 2-1)是心理学界占统治地位的人的认知模型[46]。它将人的认知响应过程分为三大部分:

	记忆			
刺激信号	感知	处理	动作	响应行为

图 2-1　SOR 模型

① 通过感知系统接收外界输入的刺激信号 S(simulation);

② 解释和决策 O(organization),是指在被接收了的物理刺激 S 后器官的全部活动,即记忆、决策和解释;

③ 向外界输出动作或其他响应行为 R(response),指对于器官的物理反应,如交谈、按键和压下阀门都是属于输出反应。

这三大部分的支持功能为记忆。

Meister(1966)认为,所有人的行为都是 S-O-R 这三种要素的联合,复杂的行为被认为是许多 S-O-R 环节的交织并且同时进行。当一个事件环节中的任一要素断裂,即发生人的失误。例如,感知刺激过程中发生故障,没有能力鉴别各种类型的刺激,错误解释刺激的意义,反应顺序混乱等。

(2) 皮特森的人因失误模型

根据人行为的原理,群体动力学理论的创始人德国心理学家勒温(Lewin)把人的行为看成是个体特征和环境特征的函数:

$$B = f(P, E) \qquad (2-1)$$

式中　B——人的行为;

P——个体特征;

E——环境特征。

由式(2-1)可知,在外界环境的刺激和影响下,依据个体特征进行行为模式的选择。其中外界环境特征包括外界环境因素和信息刺激来源等,个体特征包括人的因素、内部感觉、工作经验、心理背景、生理状态、技术水平和安全素质等。

人的行为原理如图 2-2 所示。

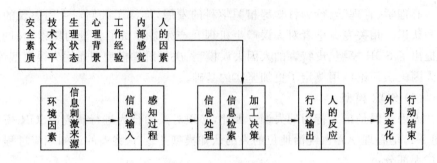

图 2-2　人的行为原理图

勒温指出,人的失误主要表现在人感知环境信息方面的失误;信息刺激人脑,人脑处理信息并做出决策的失误;行为输出时的失误等方面[47]。针对这三方面,皮特森又把人失误的原因归结为过负荷、决策错误和人机学原因三个方面[48]。其失误模型可由图 2-3 所示。

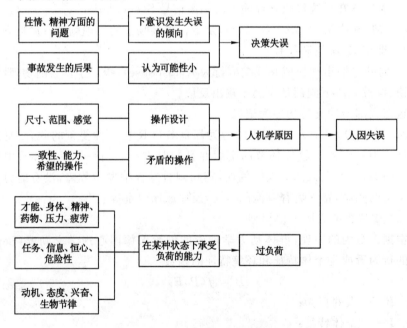

图 2-3　皮特森的人因失误模型

过负荷是指人在某种心理状态下承受能力与负荷不相适应,包括身体的、生理的和心理的负荷。人的能力则指身体、生理和心理等方面的承受能力(人本身的自然属性),与当前的心理状态、工作相关的知识和技术水平及生理机能状态有关。决策失误是指某些情况下,个体选择不安全行为比选择安全行为更加合乎逻辑。人机学原因主要包括两个方面:当前的工作条件与人的体格不适应;工作平台的设计使人容易失误。由此可知,减少人的失误的主要措施应为:加强教育培训、改进管理方法和改善工作环境。

(3) 决策阶梯(Step-ladder)模型

Rasmussen(1986)的决策阶梯(Step-ladder)模型[11](图 2-4)是最为人们所知的定量信息处理模型,并广泛作为人的失误分类框架的基础。阶梯模型提出人在进行问题解决和决策计划时,存在着规范化和期望下的序列化信息处理阶段,但是也存在着许多非序列化的处理方式。模型将人的认知过程分为 8 个阶段:① 激发;② 观察;③ 识别;④ 解释;⑤ 评价;⑥ 目标选择;⑦ 规程选择;⑧ 规程执行。

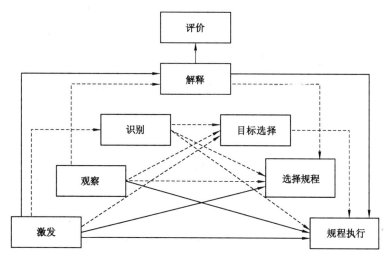

图 2-4　人的决策阶梯模型

决策阶梯模型的核心在于 8 个认知阶段之间割集的存在,它可以减少信息处理数量,反映了人认知的有效性与经济性,而这取决于人对于任务的熟悉程度。上述割集在图中以虚线给出。但是,割集的存在也意味着人的失误机会的增加,因为经验与现实情景之间的正确匹配与否是关键所在。

决策阶梯模型的重要性还在于它为深入探究每个阶段人的失误机理提供了可能性并且反映了人在不同的情景环境下面对不同复杂程度的任务的响应特点。它在研究操作人员的认知失误计算机模型中得到应用,后来此模型演化为著名的 SRK 三级行为模型[49,50]。

(4) 通用失误模型系统(GEMS 模型)

1988 年, Reason 和 Embrey 提出通用失误模型系统（Generic Error Modeling System, GEMS），目的是提供一种动态人的失误行为框架来预测不同类型的人的失误行为（图 2-5）。

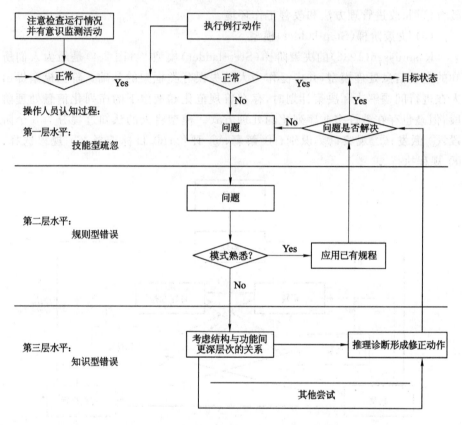

图 2-5　通用失误模型系统动态模型示意图

通用失误模型系统是基于 Rasmussen 的技能型、规则型和知识型（S-R-K）的三种人员行为模型，借助人的信息处理模型理论，并与人的"问题解决"模型相结合而产生的最有代表性的动态认知可靠性模型之一。

GEMS 模型体现了人类认知的多层次性和由浅入深及往复循环的必然规律，较为客观地反映了人的失误的内在机理，有助于改进人机界面和防范人的失误。在概率安全评价（Probabilistic Safety Assessment, PSA）的人的可靠性计算中，通过人机界面的行为分类，各个层次上失误类型的特点和原因的详细分析，建立了划分各种类型行为的失误概率计算导则。

（5）Worledge 认知模型框架

1986 年，Worledge 提出了一种人的可靠性认知模型框架，也称为认知子元素模型（Cognitive Sub-Element，CSE）[51]。其目的是：

① 定义一种通用结构，以利于建立分析操作人员对核电厂事故响应的框图，它能够描述操作人员在事故发生的进程中的认知过程，包括对事故征兆进行诊断、选择规程、执行规程、对事故进程中的表观现象再认知，并采取相应的修正动作。

② 收集和分析统计性的操作人员响应数据并作为人的认知可靠性模型（HCR）的操作人员的非响应概率值。

图 2-6 是操作人员思维状态和行为表述的 4 种状态结构。

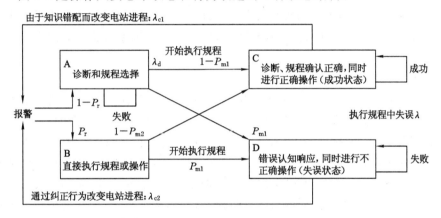

图 2-6　操作人员思维状态和行为表述的 4 种状态结构图

图 2-6 中，$1-P_r=$“思维”模式概率，即需要知识型水平处理的认知性概率；$P_r=$“不思维”模式的概率或“直接反应”的概率；$1-P_{mx}=$诊断与规程选择均正确的概率。

利用图 2-6 的这种转移关系建立马氏模型，求出各状态的发生概率，或者在不服从马氏过程条件时，用蒙特卡罗法求出操作人员处于这些状态的概率值。Worledge 认知模型框架为 HCR 认知实验模型找到了理论根据。

基于上述人因失误机理研究，总结如下：① 根据 SOR 人因失误模型，人因失误过程是感知刺激信号过程、记忆解释及决策过程、行为响应输出过程。人的失误主要表现在人感知环境信息方面的失误；信息刺激人脑、人脑处理信息并做出决策的失误；行为输出时的失误等方面。② 根据皮特森的人因失误模型，人失误的原因归结为过负荷、决策错误和人机学原因三个方面。③ 决策阶梯模型、通用失误模型系统和 Worledge 认知模型框架分别提出了人的认识过程的八个阶段、人的认知层次和认知模式框架。④ SOR 人因失误模型重点强调外界环境刺激性,个体对刺激信息进行认知评价和决策并做出相应的行为反应过程;皮特森的人因失误模型强调导致人因失误三方面的原因;决策阶梯模型、通用失误模型系统和 Worledge 认知模型框架强调人的认知阶段、层次及认知模式。由此可见,SOR 人因失误模型和皮特森的人因失误模型在相对宏观层面解释人因失误的过程,而决策阶梯模型、通用失误模型系统和 Worledge 认知模型框架是在微观层面对人因失误过程中的认知过程进行深入研究。结合本书的研究内容和目的,本书采用 SOR 人因失误模型作为主要理论基础。

2.2.2 煤矿工人人因失误研究

目前,针对人因失误的研究很多,并取得了一些重要研究成果。有关人因失误应用研究主要集中在人因失误模型、人因失误影响因素分析及人因失误控制模式等领域。

（1）人因失误模型研究

近些年来,有关人因失误模型研究日益得到研究者的广泛重视。王洪德（2006）以人的认知可靠性（HCR）模型为指导,结合影响运行安全的异常事件,依据 IAEA 提供的指标,找出操纵员在生产过程中可能出现的操作失误类别及其可能造成的危害,并基于威布尔模型推导出操纵人员操作响应失误概率模型[52]。史秀志等（2008）运用层次分析法的基本原理,结合 Pedersen 人因失误模型,构建了导致人因失误的层次分析模型,计算结果显示,人在某种状态下承受负荷的能力大小是影响其失误的主要原因[53]。陈静等（2010）从煤炭行业角度出发,通过对多起煤矿事故原因分析,提出了煤矿事故人失误致因模型,并根据致因模型从国家、社会、企业的宏观角度,创新性地提出了"顶尖研发团队"、"优秀管理团队"、"严格执法团队"三类安全管理团队建设模式[54]。刘朋波等（2010）在分析核电厂人因失误动态影响因素和人因失误特性基础上,并结合人的生理、心理因素对核电厂人因失误的分布规律进行系统分析,提出了核电厂人因失误动态作用模型[55]。戴立操等（2010）主要研究运用 PSA 模型考虑人因失误的影响,系统地研究如何在电厂系统模型中建立相对应的人因失误分析模型。利用事件树把系统故障和人因失误相结合,探讨如何最大可能地真实描述事故后的操纵员行为,确定重要人因事件发展序列以及根据系统响应确定合理可分析的人因问题,建立完整的人因失误模型化的体系[56]。

（2）人因失误影响因素研究

闫乐林等（2003）阐述了煤矿人因事故的形成是初级控制机制与次级控制机制共同失效的结果,阐明了管理因素与人为触发因素是煤矿人因事故发生的两大最主要的因素,提出了煤矿人因事故的基础防范对策[57]。魏红州（2007）通过对事故致因理论及人因事故机理的研究,指出人因事故主要是由人因失误而造成,进而找出了人因失误原因的六种因素,即人的生理与心理、人的素质、机械设备、环境、管理和教育培训因素[58]。胡利军等(2007)通过对煤矿安全的调查研究表明,人因失误是引起煤矿安全事故发生的主要原因,对煤矿事故人因失误机理进行研究和加强人因失误的控制是减少煤矿事故发生的有效途径,分析结果表明,组织管理因素、矿工冒险与侥幸心理等是导致煤矿安全的关键人因失误因素[59]。陈红(2007)研究了中国煤矿重大事故中的煤矿工人故意违章行为的影响因素,构建故意违章行为影响因素的结构方程模型,研究发现:煤矿工人的传记特征对两类特征性故意违章行为具有直接的正向影响;煤矿生产条件对两类特征性故意违章行为没有显著影响;煤矿生产任务性质通过感知效价间接正向影响两类特征性故意违章行为;煤矿组织特征和关系特征变量均对两类特征性故意违章行为具有间接的负向影响[60]。王珂(2009)根据对煤矿事故的统计分析资料,运用灰色关联分析理论,对导致煤矿事故发生的6种人为失误因素进行动态灰色关联分析,从中得出人员素质、人的生理与心理、管理因素、教育培训程度、机械设备、环境与事故发生的关联度,进一步说明了新时期安全教育培训工作在煤矿安全生产工作中的重要性[61]。常悦等(2012)运用灰色关联分析理论,找出各因素与事故发生的关系,同时根据计算结果剖析人因失误产生的原因,并提出相关控制措施[62]。兰建义等(2013)在综合考虑煤矿人因失误行为关键影响因素的前提下,针对煤矿人因失误安全状况,提出了层次分析法与模糊综合评价相结合的煤矿人因失误安全预防评价方法。利用层次分析法对煤矿各人因失误行为影响因素进行分类,确定各影响因素的权重,并采用模糊综合评价的方法对煤矿人因失误安全预防进行了评价[63]。

(3) 人因失误控制模式研究

张力等(2004)指出,虽然事故的发生是"人、机、环境"三个因素相互作用与影响的结果,但人起着主导作用,减少人因失误,就可以有效地减少事故的发生。煤矿工人的人因失误控制应以人因控制为重点,并加强机械设备和环境方面的治理[64]。付相秋等(2005)从人的信息处理过程、人失误、不安全行为的心理及原因三个方面探讨了人的不安全行为与人失误之间的区别与联系,指出了人失误的类型、预防和控制方法[65]。刘绘珍等(2007)从个体层、班组层、组织层3个层次分析人因失误的原因因素,建立了人因失误原因因素控制模型,并基于此模型对研究的系统进行屏障分析,建立了屏障分析层次模型[66]。刘兆霞(2010)通过对某矿井提升事故的人因失误分析,研究了导致事故发生的人认知活动失败的控制模式,通过从人、技术和组织三方面进行追溯,最终分析了人失误事件的根本原因。通过分析可以看出,人错误的绩效输出不是随机性行为,它主要受到所处的工作条件和工作环境的影响,并针对根本原因提出了改进和优化的措施,为提高矿井提升系统的人因可靠性、降低人因失误提供了可靠的依据[67]。王志明(2010)从个体与组织的角度深入分析了人因失误的机理,从完善安全管理机制、加强安全文化建设、优化人机界面设计、加强安全教育与培训和把关人员引入五个方面提出了控制油气钻井队人因失误的对策[68]。刘鹏(2011)从人因失误的机理、分类、原因和特点等方面对人因失误系统地进行了分析与探讨,提出了预防煤矿人因失误的防控对策,为预防和控制煤矿人因事故的发生提供理论依据[69]。

综上所述,有关煤矿人因失误研究主要集中在人因失误模型、人因失误影响因素分析及人因失误控制模式等领域,根据人因失误研究的发展阶段,有关煤矿人因失误研究还未进入人因失误第二阶段的研究,即结合认知心理学来展开人因失误研究[70]。结合认知心理学来展开人因失误研究的重点是研究个体在心理压力下由于认知过程失误而导致的人因失误。目前,少量的这类研究局限于一般定性式阐述,鲜见基于调研数据的定量研究,使得有关结论主观性较大。另外,针对个体人因失误影响因素的研究主要集中在个体认知、生理、心理和素质四个方面,并未从诸如生活事件等外界刺激因素对人因失误产生机理进行深入系统研究。

2.3 心理压力形成机理研究评述

2.3.1 生活事件对心理压力影响研究

在 20 世纪 30 年代,国内外研究者就已开始了对生活事件与心理压力关系的关注,从各自不同的角度进行了研究,取得了卓有成效的研究成果。在探讨心理健康的影响因素中,生活事件作为引起躯体和心理健康问题的直接因素一直受到人们的关注,并已被国内外的诸多研究所证实。

Holmes 和 Rehe 开创了定量研究的方法。他们曾对 5 000 个个体进行了关于生活事件对心理压力影响的调查研究,并按照影响个体情绪的程度划分等级,用生活变化单位(LCU)进行计量评定,开发了包括 43 项生活事件的目录表,称为社会再适应量表(SRRS)。SRRS 的理论假定是:任何形式的生活变化都需要个体动员机体的应激资源去做新的适应,因而产生紧张。SRRS 将每种生活事件均赋予一定的数值,如配偶死亡为 100 分、离婚为 73 分、夫妻分居为 63 分等,以此来表示他们对人影响的大小。利用 SRRS 量表,可以把个体在一定事件内所经历的生活事件数值化。研究指出,一年中生活变化单位超过 150 分便有可能导致疾病或发生意外事故;若超过 300 分,几乎 100% 会生病、发生意外事故或工作中发生重大差错。研究还表明,生活事件与心理障碍有关。如生活事件越多,发生的精神障碍越多,导致的心理压力越大,发生心理病理行为的可能性也越大,甚至可能促进精神分裂症并发病。另外,生活事件对个体的生理机能也有一定的影响,生活事件的发生可导致生理机能紊乱,甚至引起一些疾病[71]。

K. S. Kendler 等[72](2003)在对有关个体心理疾病和生活事件的相关研究中发现,心理疾病发病前约有 92% 的个体存在生活事件,提示生活事件对心理压力的产生起重要作用。Frank 等[73](1996)在对正性生活事件和负性生活事件对心理压力的影响研究中,用比例威胁事件法评估了个体前 6 个月内生活事件的性质和严重程度,发现具有威胁性的负性事件更容易导致心理压力的产生。

Garenfski 等(2003)研究发现,负性生活事件是引起抑郁焦虑等情绪问题的重要原因[74]。国内研究者也用不同的群体验证了生活事件和心理压力的高度相关[75-78],说明个体在日常生活中经历的负性生活事件是导致心理压力的重要诱因。国内外大量研究发现,即使是中等程度的负性生活事件,如果持续一定时期,也会对个体的心理健康产生严重影响[79]。

郑延平等(1990)对中国 827 名正常人群的调查研究结果与国外相似研究结论基本一致,即导致成年人心理压力的生活事件大多属于给人造成消极影响的负性生活事件[80]。王玲等(1994)对生活事件进行调查研究发现,不同年龄阶段的人群影响其心理健康的生活事件类型不尽相同,影响青年人心理健康的生活事件主要是学习、婚姻、恋爱和人际关系,影响中年人心理健康水平的生活事件主要是家庭、健康、工作和经济等方面的问题,影响老年人心理健康水平的生活事件主要是健康和经济问题[81]。陈红敏等(2009)调查并探讨负性生活事件与心理压力的关系,结果发现负性生活事件与心理压力的大部分维度都显著相关,负性生活事件越多,心理压力越大[82]。

基于上述学者对生活事件与心理压力关系研究,总结如下:① 生活事件是导致心理压力的重要诱因,尤其是负性生活事件对心理压力的影响更为显著;② 个体所遭受的负性生活事件越多,导致的心理压力越大。

2.3.2　心理压力形成机理研究

有关心理压力形成机理的研究是西方心理学和管理学界普遍重视的一个领域,研究者对此进行了广泛而深入的研究,根据研究目的、方法以及研究对象不同形成了多种心理压力形成机理理论。

(1)刺激理论模型

刺激理论是生物物理学观点,来源于物理学上的胡克(Hooke)弹性定律。

它把压力定义为某些能够引起个体紧张反应的特定类型的刺激,即我们平常所说的压力源。在研究中压力源往往被看作是自变量,进而寻求刺激和紧张反应之间的因果关系。这种刺激—紧张模型如图 2-7 所示。

图 2-7　压力刺激模型

该理论强调压力来自于外部,人们经历的主要生活事件、大量的日常烦扰等,只要对个体产生威胁或过度要求,都会导致人们处于压力状态下。Holmes 和 Rahe 是刺激理论研究的代表人物。Holmes 和 Rahe 认为,个体经历的生活事件,无论是正性的还是负性的,都会导致有机体丧失内部平衡,促使机体作出新的自我调整,如果个体在短时间内经历过多或过于严重的生活事件,则机体患病的危险性就会大大提高。这种定义实际上将压力与能引起个体紧张反应的外部压力源等同起来,它关心的是日常生活中什么样的环境刺激会引起人们的不良身心反应,关注的核心是何种情境下能使人产生紧张反应。人们经历这样的刺激和情境越多,压力水平是否就越高。该理论的提出大大推动了对压力源的研究[83]。

刺激理论的主要贡献在于:强调外界刺激因素即压力源导致心理压力的重要作用,在把生活事件作为压力源的基础上,对压力源进行定量化研究,对推动压力源的研究具有重要的现实意义。该理论的不足之处是忽视了个体的主观能动性和心理行为的复杂性,并未考虑到个体对潜在压力源的感受和反应具有的差异性[84]。

(2)反应理论模型

如果说刺激理论来源于物理学,那么反应理论则来源于生物学和医学。反应理论的观点认为,压力是人体对环境要求或伤害侵入的一种紧急反应。早在 1932 年,美国的生理学家 Canon 就提出了反抗-逃避反应(Fight-or-Flight)。他发现,在远古时代,当我们的祖先受到动物攻击时,身体会本能地处于调动全身能量应对危险的生理和心理反应状态,或进攻,或逃走;而在现代社会,道德规范不允许我们随意对他人进行攻击,所以只能以恐惧、焦虑等方式作出反应[85]。在 Canon 之后,加拿大学者 Hans Selye 研究了动物处于不同压力情况下,躯体的生理及病理学方面既不是完全来自于客观,也是不完全来自于主观,而是主客观相互作用的结果,即人们如何评估和适应这种相互作用的生理、病理反应,并提出"一般适应综合征理论"（General-Adaptation-Syndrome，GAS）[86]。GAS压力模型如图2-8所示。

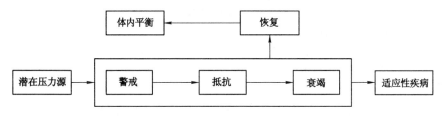

图2-8 GAS压力模型

该理论认为压力是人或动物等有机体应对环境刺激的一种生物学反应现象，可由加在有机体的许多不同需求而引起，并且具有非特异性。该理论提出应激的GSA模型包括警戒、抗拒和衰竭三个阶段，提出用生理参数（肌肉紧张度、肤电等）作为应激反应的客观指标，比心理变量或其他的躯体状况在应激的评估和测量上更具有信度和效度。此外，GAS理论的提出促进了从生理系统的变化来揭示应激与心理健康关系，这一新的突破也是阐明社会心理因素对人体作用机制的关键。Selye还指出，凡是可以引起非特异性反应的各种刺激都是压力源。Selye把压力分为两种：积极的压力和消极的压力。积极的压力给个体以力量并提高其识别和作业的能力；消极的压力则消耗能量，并且以维护和防卫的形式增加机体系统的负担[87][13]。

反应理论的主要贡献在于：提示了受压力源刺激影响，个体产生心理和生理反应的过程，提出从生理指标的变化来揭示应激与心理压力关系，也阐明了心理压力对人体生理机能的作用机制。反应理论模型的不足之处在于：忽略了个体反应中心理因素的重要性，把人看作是对不良环境做被动反应的生命体，在强调生理指标的同时，忽视了个体心理和行为的反作用[88]。

（3）认知交互理论模型

压力的前两种研究或是关注于个体内部发生的生理变化，或是关注作用于个体的外部压力源，但都忽视了人的主观能动性，忽视了发生在压力过程中的心理与行为过程。鉴于此，越来越多的学者开始将研究的重点转向心理学压力观。R. S. Lazarus等人提出了压力的认知交互理论（Pressure Cognitive Interaction Theory，CPT），认为心理压力是"当个人将环境事件评估为耗费或超出其个人资源，威胁其个人幸福时，个人与环境的一种特定的关系"[89]。该定义既强调个体在压力过程中对客观环境的主观解释或评价，还强调个体与环境之间的相互作用。它认为压力的产生，除了压力源被评价为威胁外，还要求个体不能对其作出有效的应对。个体在压力过程中并不一直是被动的，他也可以通过不同的应对方式对压力过程产生积极的影响[90]。这是一种心理学模型，如图 2-9 所示。

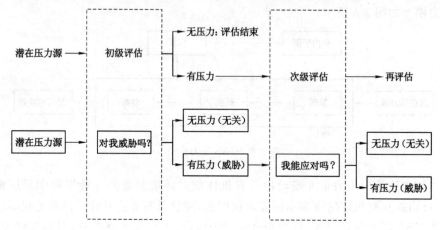

图 2-9　压力 CPT 理论模型

压力 CPT 理论模型其核心是，应激"既不是环境刺激，也不是人的性格，更不是一个反映，而是人的需求以及理性地应对需求之间的联系"[91]。Lazarus 认为：任何一个事件，只要是环境或内在要求超出了个体的适应性资源，压力就会产生。

认知交互理论包含的压力研究的四个基本要素是压力源、认知评价、应对和压力反应。该模型包括三个要点：

① 认知的观点，即认为思维和认知是决定压力反应的主要中介和直接动因，压力感是否产生以及以什么形式产生，均取决于人对刺激物及其关系的评估，即"个体评估这些关系是否繁重，是否超过他可利用的资源，是否对他的健康有害"[92]。因此，压力产生于当个体将事件评估为威胁性的，或者已超出了个体的应付能力的情境下。Lazarus 认为个体与环境之间的交互作用是基于以下三种独立的评估：初级评估，关系到个体将情境看成与己无关的、正性积极的和压力性的三种类型，即确定情境的性质和对个人的意义，建立一种环境事件和人的健康之间的关系；次级评估，关注用于应付威胁性或挑战性情境的可用资源，考虑什么样的应对选择是可行的，应对成功的可能性及一个人能够运用的一种特定策略或一系列有效策略的可能性；重新评估，初级评估与"什么是危险的"有关，次级评估关系到"什么是可以利用可以完成的"，这两个过程并不是一次完成的。实际上，个体经常基于新的信息重新评估情境，这个过程可能导致对压力性事件或情境的不同看法或不同的应对方法[89,93]。

② 现象学的观点，强调与压力有关的时间、地点、事件以及人物的具体性，

强调压力产生的情境性。

③ 相互作用的观点,包含两大要点:其一,在压力过程中,存在许多中介因素,压力源与中介因素的交互作用将直接或间接的影响个体最后的反应方式和结果;其二,压力产生于个体与环境间的特定关系,若个体认为自己无力对付环境需求则会产生压力体验。

认知交互理论的主要贡献在于:① 与刺激模型理论和 GAS 模型相比,CPT 不像前两种理论那样,只关注压力过程的两端,而是更注重中间过程的研究,尤其强调了个体心理和行为的作用,对于全面理解压力现象具有重要意义;② 克服了前两种理论中对人的机械生物化的看法,不再将人看作只受压力情景摆布的消极有机体,而是认可和强调了人的主观能动性的重要作用;③ 运用该模型可促进对压力的干预方式的研究,如改变中介机制可有效控制压力反应等。认知交互理论的不足之处在于,在心理压力和生理压力反应结果方面没有个体具体的理论框架。

(4) 压力过程理论

按照 Coyne 的心理压力理论,压力包括压力源、中介变量和生理心理反应 3 个部分。压力源主要来自人们在日常生活中经历的各种生活事件、突然的创伤性体验、慢性紧张工作压力、紧张的家庭关系等;中介变量有很多因素,主要包括认知评价、应对方式、社会支持和控制感等;生理心理反应主要是指各种情绪反应及生理化指标的变化,情绪反应中最常见的是抑郁、焦虑。自 20 世纪 80 年代起,根据 Coyne 提出的心理压力理论,我国学者将心理压力看作由压力源到压力反应的多因素作用的"过程"(图 2-10)。

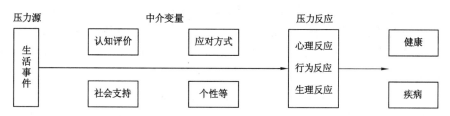

图 2-10　压力作用过程理论模型

压力是个体为应对环境威胁和挑战而产生的一种适应和应对的"过程",其结果可以是适应和不适应;压力源可以是生物的、心理的、社会的和文化的;压力反应可以是生理的、心理的和行为的;认知评价在压力作用过程中起关键作用[94]。压力过程理论的主要贡献在于明确了心理压力产生的过程和压力反应的结果。

(5) 压力系统理论

　　近 20 年来,随着多因素研究思想和研究工具的发展,学术界逐渐接受心理压力不是简单的因果关系或刺激反应过程,而是多因素相互作用的整合系统的理念。姜乾金认为,压力是一个生物、心理、社会一体化系统的概念[95],即:压力是由压力源、压力反应和其他许多相关因素构成的多因素系统,这些因素相互作用,它们在概念和内涵方面存在交叉,如生活事件、社会支持、认知评价、应对方式、个性特征和压力反应等(图 2-11)。

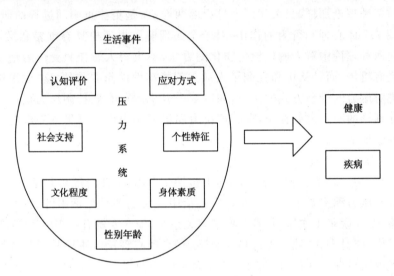

图 2-11　压力系统理论模型

　　压力系统论是建立压力与健康、疾病关系的多因素、多效应模型的理论基础。生物维度包括生理倾向因素、躯体因素等;个体维度包括认知评价、态度、人格及应对方式等;而社会维度包括社会支持系统、生活变化、家庭和工作关系网络以及与社会角色有关的期望等[96]。压力系统理论的主要贡献在于从多个维度分析了压力产生的过程和相关因素之间的相互关系。

　　基于上述心理压力形成机理研究,总结如下:① 根据刺激理论,生活事件作为应激源是导致心理压力的外部刺激因素,且心理压力可以通过生活事件量表进行量化研究;② 根据认知交互理论,认知评价和应对等个体心理因素对其心理压力的产生存在重要的影响;③ 根据压力过程理论,心理压力是由应激源、认知评价、应对和压力反应四部分组成的;④ 根据压力反应理论,心理压力会导致个体产生生理反应和心理反应;⑤ 根据压力系统理论,心理压力影响因素包括生活事件、认知评价、应对方式、社会支持系统、个性特征、文化程度、身体素质、性别和年龄等因素。

2.4 生活事件对人因失误影响测度研究评述

2.4.1 心理压力测度研究

心理压力评估和测量的目的是了解压力的来源和类型,评价个体承受的压力水平和程度。纵观国内外研究,依据心理压力的涵义,可从压力源、压力反应和个体与压力源的交互作用三个角度对压力进行评估。从压力源的角度,重点是了解某段时间内使个体产生压力的刺激即压力源,通常是以个体在一段时间内经历的生活事件和在此期间的生活适应性水平为指标。可以用观察法、访谈法、问卷调查法和量表测查法来获得评估结果。从压力反应角度,重点是了解个体在面临压力情境时的身心反应。医学上,通过测量心血管变化、肌肉紧张度、神经内分泌情况等了解个体的压力状况。心理学中,通常由情境观察、访谈或自我报告等方式来评估个体的压力反应。从个体与压力源的交互作用的角度,重点是了解个体与应激之间的相互作用机制,以动态和发展的视角来评估压力的具体情境性。但到目前为止,这种方法还不成熟,尚处于尝试和摸索之中。

从心理压力测度实际应用效果来看,目前大多从压力源角度应用生活事件量表法对个体心理压力进行测度。Holmes 和 Rahe(1967)设计了第一份社会再适应量表(SRRS)。此外,还有 Paykel 等编制的近期生活事件访谈(Interview For Recent Life Event,IRLE),Dohrenwend 等编制的精神流行病学调查访谈中的生活事件量表(Psychiatric Epidemiology Research Interview,PERI)[97]。

自 20 世纪 80 年代以来,我国学者参考国外文献,根据我国特点先后编制了各种生活事件量表,具有代表性的如下:

(1) 汪向东等编制的生活事件量表(LES)

该量表参照国内外文献编制,包括家庭生活、工作学习、社交等类别和 2 条空白项目。量表由填写者根据自身的实际感受去判断哪些经历过的事件对本人来说是好事或坏事,影响程度如何(分五级),影响持续的时间(分四级,即 3 个月、半年、1 年、1 年以上,分别计 1、2、3、4 分)。计算公式包括:① 某事件刺激量=该事件影响程度分×该事件持续时间分×该事件发生次数;② 正性事件刺激量=全部好事刺激量之和;③ 负性事件刺激量=全部坏事刺激量之和;④ 生活事件总和=正性事件刺激量+负性事件刺激量。另外,还可根据研究需要,对家庭、工作学习和社交等问题进行分类统计。其强调个体对生活事件主观的感受,认为只有个体实际感受到的紧张、焦虑等情绪反应才对身体产生影响。但该量表尚存以下不足:① 在计算刺激量时,事件发生的次数表中未要求做被试记录,对多次发生的生活事件不好判断其发生的时间;② 量表中仅显示事件存在影响的时间,不好判断事件存在的时间,且在计算刺激量时把超过半年的生活事件记为 2 次,同时乘以其影响时间会过高估算该事件影响程度[98]。

(2)张明园编制的生活事件量表

该量表参考了国外 Holmes 和 Dohrenwend 等编制的量表和调查表编制,为他评量表,包括正性和负性事件。评定时间按研究时限而定,不宜超过 1 年,适用于 16 岁以上正常人及各种精神疾病患者。量表分为职业、学习、婚姻和恋爱、家庭和子女、经济、司法、人际关系等类别。编制者对表中每一个生活事件按国内常模提供各年龄组别的相应生活事件单位(Life Event Unit,LEU),询问受试者时只计研究时限内(3 个月、6 个月、1 年内)是否发生过表中所列事件,按受试者的年龄和出现的生活事件,计算其相应 LEU 并进行累加,得到 LEU 总值为统计指标。量表强调生活事件的客观属性,主张群体的价值取向操作简便,被试容易回答。但量化过于简单,未鉴别持续性或多次出现的刺激和一次出现的刺激,并未考虑事件对个体的特殊影响[99]。

(3)郑延平等编制的紧张性生活事件评定量表

该自评量表参考国内外文献编制,内容包括 47 项生活事件,分为学习、婚姻恋爱、健康、家庭、工作与经济、人际关系、环境和法律等八类事件,主要反映受试者近一年内经历某事件的次数、引起心理紧张平均持续时间、心理紧张的平均强度、自我评估该事件的性质(好事或坏事)。计算方法为:某一生活事件出现的次数、持续的时间和心理影响程度的乘积即为该事件"年心理紧张值",累计所有出现的生活事件的"年心理紧张值"为该受试者的"年心理紧张总值"。量表比较全面地反映调查前一年内出现的生活事件所导致的心理影响,但操作较复杂,初中以下文化程度的被试者需代读代填,而且它对一年前出现但目前仍存在心理影响的生活事件不太敏感[100]。

除了上述生活事件量表成果外,还有王宇中等编制的大中专学生生活事件量表[101]、崔红等编制的军人生活事件量表[102]、肖林编制的老年人生活事件量表[103]。杨心德等(2005)以 1 273 名在校大学生为被试者,运用问卷法测查大学生日常生活事件压力指数,结果发现大学生的压力来源于积极的、消极的和中性的日常生活事件,通过与此事件的比较,确定了其余 63 种大学生生活事件的压力指数[104]。李小吉等(2011)对农村高中生进行了生活事件压力指数的研究,确定了其余 28 种高中学生生活事件的压力指数[105]。

基于上述心理压力测度研究,总结如下:① 心理压力测度方法主要采用生活事件量表法进行测度;② 目前生活事件量表开发已经取得一定的研究成果,但没有开发针对煤矿工人的生活事件量表。

2.4.2　人因失误测度研究

人因可靠性分析(Human Reliability Analysis,HRA)是以人因工程、系统分析、认知行为科学、概率统计、行为科学等诸多学科为理论基础,以对人因失误进行定性与定量分析和评价为中心内容,以分析、预测、减少与预防人因失误为研究目标,目前正在逐渐形成的一门新兴学科[106-108]。HRA 的发展历程大致可分为两个阶段。

2.4.2.1　第一代人因可靠性分析方法

第一代人因可靠性分析方法一般将人完成任务的操作内容事先分解为一系列由系统功能或规程所规定的子任务或步骤,并分别对其给出专家判断的人因失误概率值(Human Error Probabilit,HEP),并用人的行为形成因子加以修正。比较有代表性的方法有:人的失误率预测技术(Technique for Human Error Rate Predietion,THERP)、人的认知可靠性方法(Human Cognitive Reliability,HCR)、成功似然指数法(Success Likelihood Index Method,SLIM)等。

(1) 人的失误率预测技术(THERP)

人的失误率预测技术(THERP)是迄今为止最系统的人因可靠性分析方法[109],并被称为标准 HRA 方法。THERP 将工作划分为一系列动作单元,用人因可靠性事件树模型,按事件发展的过程对人因事件涉及的所有人员行为进行分析,并在事件树中确定失效途径后进行定量计算。

(2) 人的认知可靠性方法(HCR)

人的认知可靠性方法(HCR)是一种考虑时间因素来确定人因失误概率的方法。该方法有两个重要的基本假设:① 它基于 Rasmussen 的 SRK 三级行为模型,人因在系统人机界面上的所有人员行为可以依据是否例行工作、程序书目情况及培训程度等,划分为技能型、规则型及知识型三种类别;② 每一种行为类别的失误概率仅与允许时间(t)和执行时间($T_{1/2}$)的比值有关。根据此假设,HCR 模式由模拟机试验所收集的数据。HCR 方法提供了在人机交互作用过程中,用模拟机实验数据进行人的认知可靠性分析的有力工具。但人的决策过程往往是综合利用各种能力的过程,很多情况下难以将其明确地划分为技能型、规则型或知识型。并且,它仅考虑了三个行为形成因子,分析较为粗糙。另外,它不能提供一个完整的 HEP,它的研究局限于紧急情况响应中操作者认知行为[110]。

(3) 成功似然指数法(SLIM)

成功似然指数法(SLIM)源自决策分析领域,其基本思想是在一系列被选方案中量化专家的选择偏好,是一种专家集体评判方法[111]。该方法认为,人完成某项任务的可靠性极大地依赖于当时的行为形成因子(PSFS)的作用,因此,只要能计算出这些PSFS对人行为的影响度即可计算出人员完成该任务可能的失败概率。成功似然指数法适合在人因失误的数据非常缺乏时使用,它与THERP方法不同,不需要进行操作分析,因而不需要对各个操作失误概率进行确定。该方法只有在对影响人员的各种PSFS均已知的条件下才能进行定量计算,然而在某些情况下,这些因素很难获得,对它的分析只能依靠主观估计。

2.4.2.2 第二代人因可靠性分析方法

第二代HRA方法主要是强调人在事件进程中的倾向,认为人的动作和行为是由当时的情景环境构建的,重点研究人在不同阶段的失误行为与诱发环境之间的关系。比较有代表性的第二代HRA方法有估计人的决策失误方法(Method for Estimating Human Error Probabilities for Decision Based Errors, INTENT)、人的失误分析技术(A Technique for Human Error Analysis, ATHEANA)、认知可靠性与失误分析方法(Cognitive Reliability and Error Analysis Method,CREAM)等3种方法。以下简要评析这3种方法。

(1) 估计人的决策失误方法(INTENT)

INTENT是一种评估决策人误概率的方法。相比之下,THERP只讨论了部分指令失误(error of commission),如选择失误和操作失误,而INTENT以辨识和量化意图(intention)失误为目的,它的基本方法与THERP相同,增加了确定和量化意图失误概率的步骤,扩大了THERP研究范围。INTENT提出了20多种基本的意图失误概率,并且可用11种行为形成因子修正,弥补了原有HRA决策失误评价方法及数据缺乏的缺陷。但意图失误的多样性及PSFS的完备性尚不足。另外,其计算出的概率值与用其他方法计算出的概率值是否有内在的一致性也未经过充分证明[112]。

(2) 人的失误分析技术(ATHEANA)

人的失误分析技术是一种基于运行经验而改进的HRA方法,ATHEANA强调人的失误事件是在事件情景环境通过人的失误机理迫使人造成的。该方法运用多原理框架,提供可操作的应用指南和参考手册,是当前HRA/PRA领域中值得推荐的具有代表意义的新一代方法[113]。分析框架的指导思想:因大部分人的失误事件是因系统具体条件与人的行为形成因子(PSFS)影响相结合的产物,这种结合效应会激发人的失误机制而导致人的不安全动作的产生。ATHEANA应用于HRA尚有较多的困难[114],其中最突出也是最重要的是对迫使失误情景(EFCS)的构成因素及其发生概率的确定。

(3) 认知可靠性与失误分析方法(CREAM)

运用认知可靠性与失误分析方法(CRRAM)进行定量分析时分两步进行,

即基本分析法和扩展分析法,分步的目的是满足不同的评价水平。基本分析法的步骤为:第一是对分析的任务建立事件序列。第二是评价共同绩效条件(CPCS),对其 9 种因素进行评价打分,这需要多种技术领域的专业人员的共同参与。在考虑相关性影响之后,记录下最终评价结果的值。第三是确定可能的认知控制模式。CREAM 方法对 HRA 定性分析做了深刻的变革,从失误模型多样化中得到认知失误处理的新方法,通过引进复合状态信息处理模型的思想改进了操作员行为模型。特别是对 PSFS 如何影响行为进行了深入研究,在分析的开始阶段就考虑 PSFS 的定性、定量影响,且把这种影响真正看作是行为的背景、原因,而不像 THERP 那样仅作为对 HEP 的一种修正。但其定量分析过于简化,手册中也仅提供了少量的人因数据,且尚未公开。

基于上述人因失误测度研究,总结如下:① 第一代 HRA 方法以人的输出行为为着眼点,而未探究行为形成的过程,因此不适用于本书的研究内容。② 第二代 HRA 方法结合了认知心理学,以人的认知可靠性模型为研究热点,即着重研究人在应急情况下的动态认知过程,包括探查、诊断、决策等意向行为。该方法体系适应于本书的研究内容,但由于煤炭企业缺乏相应的基础数据和资料,因而无法应用该方法展开煤矿人因失误测度研究,只能解决其理论分析框架。③ 通过文献查询尚未发现基于生活事件或心理压力导致人因失误的测度方法。

2.5 煤矿事故中人因失误预控管理研究评述

基于我国煤矿安全管理的现状,国内外专家学者及实业界都对我国煤炭企业安全管理和风险预控管理问题进行广泛的探索和研究,并取得诸多研究成果。

2005 年,国家煤矿安全监察局和神华集团立项,组织中国矿业大学等国内 6 家研究机构共同研发煤矿安全风险预控管理体系。该体系以危险源和风险评估为基础,以风险预控为核心,以不安全行为管控为重点,通过制定有针对性的管控标准和措施,实现"人、机、环、管"的最佳匹配,从而实现煤矿安全生产。其核心内容是通过危险源辨识和风险评估,明确煤矿安全管理的对象和重点;通过保障机制,促进安全生产责任制的落实和风险管控标准语措施的执行;通过危险源监测监控和风险预警,使危险源处于受控状态[115]。

牛强、周勇等(2006)结合煤矿安全生产的具体要求,将组织神经网络原理运用于煤矿安全预警问题中,建立了多指标综合评价的安全预警系统网络模型,并以实测数据为例对所建模型进行了训练和检验[116]。

李春民等(2007)以安全工程学的原理为指导,将对物的监测监控和对人的管理相结合,围绕监控人的不安全行为和物的不安全状态以及事故预警等方面的内容建立了四个平台:矿山安全监测监控平台、矿山安全报警及应急管理平台、矿山安全综合管理平台和矿山企业安全信息网站,为矿山安全监测预警与管理系统提供了一整套的解决方案[117]。

邵长安等(2007)以预警理论为指导,结合煤矿生产的实际情况,设计分析了煤矿安全预警系统的框架[118]。

吕洁等(2008)提出了煤炭企业风险预警指标体系,给出了应用主成分分析,将原始煤炭风险预警指标体系浓缩成主成分指标体系的算法,利用信息扩散理论将煤矿企业风险预警度分类。该方法将主成分指标信息扩散到风险所有可能发生点上,其输入是浓缩后的主成分指标数据,而输出是期望的警度信号向量[119]。

丁宝成等(2010)以井工开采煤矿企业生产系统为研究对象,在分析国内外煤矿安全预警研究现状及存在问题的基础上,针对我国煤矿企业的安全特点,构建完善的煤矿安全预警管理体系及预警模型,旨在对煤矿企业生产中存在的事故及隐患进行及时有效的预警,达到预防和减少煤矿事故发生的目的[120]。

尹志民等(2011)根据风险预控管理体系的基本要求,结合公司危险源情况,在安全风险预控管理的基础上,经过长期的探索和实践,提出了安全管理机制,形成了重点部位由公司和矿两级防控两级点检制度、安全生产重点项目管理制度、工程投产前预验收制度等风险预控体系,取得了显著成效[121]。

李凯、曹庆仁(2012)等研究煤矿员工不安全行为综合防控模式[122]。通过煤矿员工不安全行为选择的影响因素分析,构建了以风险预控管理为指导的风险预知、预想、预控、预警及辅助管理的一系列综合防控模式。

于莹等(2013)针对中能源公司安全生产管理体系中存在的矛盾,结合该公司实际情况,开发了煤矿风险预控管理系统。同时也针对安全文化在煤矿安全生产中发挥的保障作用和安全投入、安全管理在安全生产中的重要性,对中能源公司风险预控管理系统的实施提出了建议,加强安全生产管理,保障企业生产得以顺利进行[123]。

李珂等(2013)对煤矿企业人因事故的发生机理,提出了一种基于模糊灰色综合评价模型的煤矿人因安全预警方法。该方法对煤矿生产现场管理中的人、机、料、法、环、管等进行综合评估预测,进而对煤矿生产安全预警并能做出快速有效处理,建立了煤矿生产安全评价指标结构体系,并对安全预警方法的模型和流程进行了研究[124]。

从煤矿预控管理体系研究现状来看,煤矿安全预控管理的研究主要可归纳为以下方面:预控机制及体系的构建、安全评价预控方法研究、安全预控系统软件研发等。目前煤矿安全预控管理体系虽然把人的不安全行为作为风险预控的重点,但没有将对导致人的不安全行为的影响因素作为预控管理的内容。目前煤矿预控管理体系研究中,尚未建立基于生活事件所导致的人因失误的预控管理体系。

2.6　本章小结

综上可知,国内外学者对生活事件、心理压力和人因失误问题进行了广泛的研究,在心理压力形成机理与测度、人因失误机理与测度等方面已取得了丰硕的成果,这些研究成果可作为本书研究的重要理论参考。然而,通过 CNKI 文献检索,有关煤矿人因失误研究文献仅有 46 篇,可见煤矿人因失误研究相对滞后。本书综合生活事件、心理压力和人因失误问题等研究动态的分析,认为有关煤矿人因失误研究存在以下几个方面的不足:

(1)有关煤矿人因失误研究主要集中在人因失误模型、人因失误影响因素分析及人因失误控制模式等领域,根据人因失误研究的发展阶段,有关煤矿人因失误研究还未进入人因失误第二阶段的研究,即结合认知心理学来展开煤矿人因失误研究。

(2)有关生活事件或心理压力对人因失误致因机理研究不足。学者们对人因失误致因机理研究中,明确指出个体因素是导致人因失误的主要影响因素,而针对个体因素方面的研究主要集中在人因失误影响因素的识别研究,并未结合认知心理学展开生活事件或心理压力导致人因失误的致因机理研究。

(3)生活事件对煤矿事故中人因失误影响测度的方法尚未建立。目前国内外生活事件量表很多,但结合煤矿工人这一特殊群体的煤矿工人生活事件量表研究不足,还有待于进一步开发。人因失误测度方法中第二代 HRA 相对比较成熟,但由于煤矿企业缺乏相应的基础数据和资料,因而无法应用第二代 HRA 方法展开煤矿人因失误测度研究,只能借鉴其理论分析框架,生活事件对煤矿工人人因影响测度的方法尚需进一步研究。

(4)基于生活事件视角的煤矿人因失误预控管理体系研究不足。从煤矿预控管理体系研究现状来看,煤矿安全预控管理的研究集中在预控机制及体系的构建、安全评价预控方法研究、安全预控系统软件研发等方面。目前煤矿安全预控管理体系虽然把人的不安全行为作为风险预控的重点,但没有将导致人的不安全行为的影响因素作为预控管理的内容。目前针对煤矿预控管理体系研究中,尚未基于生活事件所导致的人因失误建立预控管理体系。

基于上述相关文献评述和目前该领域研究的不足,本书将以导致煤矿事故中人因失误的外界环境刺激即生活事件为研究视角,分析生活事件对煤矿工人人因失误的致因机理,开发煤矿工人生活事件量表和生活事件对煤矿事故中人因失误影响测度方法,设计生活事件视角下煤矿事故中人因失误预控管理对策,弥补目前煤矿人因失误研究的不足。

3 煤矿事故中人因失误致因机理理论分析

3.1 分析框架及概念界定

3.1.1 理论分析框架

由心理压力形成机理和人因失误致因机理文献综述可知:① 生活事件作为应激源是导致心理压力的重要诱因;② 个体在心理压力下将会产生压力反应,进而导致生理机能和心理机能下降;③ 个体生理机能和心理机能因素是影响个体感知过程、识别判断过程和行动操作过程的主要因素;④ 如果个体生理机能和心理机能下降,会导致其感知过程、识别判断过程和行动操作过程失误,进而导致人因失误。生活事件视角下煤矿事故中人因失误致因机理理论分析框架如图 3-1 所示。

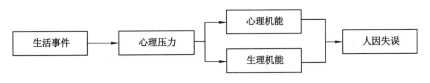

图 3-1 理论分析框架

由图 3-1 可知,生活事件通过中介变量心理压力和个体的心理、生理机能对人因失误产生影响。因此,本章将从生活事件视角下心理压力形成过程、心理压力对个体心理与生理机能的影响过程及个体心理与生理机能对煤矿工人人因失误影响过程展开理论分析。

根据人因工程理论,生产系统中人因失误的影响因素包括物质性、组织性和个体性等方面因素,其中,个体性因素包括个体心理机能、生理机能、知识与技能等。本书以生活事件为研究视角,且认为短期内生活事件不会对物质性、组织性和个体因素中的知识和技能产生影响。基于本书的研究目标、研究内容和本章理论分析框架,本书作出如下研究假设:

(1)假设在导致人因失误因素中,物质性和组织性因素完全符合作业要求,不会出现物质性和组织性因素所导致的人因失误。

（2）假设个体性因素中煤矿工人的知识与技能能够胜任岗位作业要求，不会出现煤矿工人知识与技能不足导致的人因失误。

基于上述研究假设，本书所研究的是导致煤矿事故的人因失误，不包括物质性和组织性因素所导致的人因失误。因此，本书把人因失误限定为煤矿工人的个体心理机能和生理机能因素所导致的人因失误。

3.1.2 相关概念的界定

（1）煤矿工人

本书以煤矿工人为研究对象，煤矿工人界定为在煤炭企业生产作业一线从事体力劳动的操作工人。煤矿工人具有以下特点：① 主要从事体力劳动；② 在煤矿生产作业一线工作；③ 作业任务结构性好，有明确的作业任务操作步骤和规程；④ 按照作业规程执行操作任务；⑤ 不具有现场作业指挥、管理和工作方案制定等职责。

（2）煤矿工人生活事件概念的界定

生活事件作为本书研究的主要视角，也是对煤矿工人人因失误研究的起点。基于有关学者对生活事件概念的定义，本书第 2 章将生活事件的概念总结为：对个体日常生活带来改变，引起个体情绪波动，并导致心理失衡，需要个体进行应对或适应的事件。生活事件按性质划分，可分为负性和正性生活事件。个体无论是遭受正性事件还是负性事件都将使个体发生较大的情绪波动，导致心理失衡，正性事件将会使个体产生兴奋情绪，负性事件会使个体产生悲伤、恐惧、愤怒等情绪，一般来讲负性事件对个体情绪影响更大、影响时间更久。张厚集指出，个体在面对具有威胁性的负性生活事件比正性事件更容易导致心理压力。生活事件按影响程度划分，可分为重大生活事件和一般生活事件。重大生活事件是指与个体利害关系重大，超出了个体承受能力、不堪重负的灾难事件，如亲人亡故等。一般生活事件是指发生在生活工作中给个体带来一定困扰和压力的事件，如夫妻吵架、违章被罚款等。重大生活事件比一般生活事件对个体情绪影响程度更大。

本书主要研究生活事件导致心理压力，进而导致人因失误的过程。结合本书的研究目的，这里将煤矿工人生活事件限定为负性生活事件。因此，煤矿工人生活事件的内涵是对个体日常生活带来改变，引起个体情绪波动，并导致心理失衡，需要个体进行应对或适应的具有威胁性的负性事件。煤矿工人生活事件的外延是指煤矿工人在日常生活中遭遇的重大负性生活事件或一般负性生活事件。

根据第 2 章关于生活事件概念的文献评述，生活事件具有"刺激"属性和"改变"属性。刺激属性是指生活事件引起个体情绪波动,并导致其心理失衡,Holmes 和 Rahe 设计的生活事件量表中采用"精神影响程度"作为生活事件的度量单位[125]。因此,本书采用精神影响程度对刺激属性进行度量,精神影响程度是指生活事件对个体情绪紊乱程度和心理失衡程度的度量。改变属性是指生活事件导致个体原有生活方式的改变。Borwn 和 Birlye 指出,生活事件所带来的改变程度及个体适应改变所需的时间决定了生活事件的改变强度[126]。因此,本书采用"改变程度"和"作用时间"对改变属性进行度量。综上所述,煤矿工人生活事件的特征向量为精神影响程度、改变程度和作用时间。

(3)煤矿工人心理压力概念的界定

由于生活事件是通过心理压力对人因失误产生影响的,因此心理压力是本书研究生活事件对人因失误影响的中介变量。本书第 2 章将心理压力的概念总结为:个体在认识到内外部环境的要求对其构成了威胁或超出其应对能力时所产生的一种心理紧张状态,并导致生理机能和心理机能下降的结果。Braunstein 将压力源分为躯体性压力源、社会性压力源、文化性压力源和心理性压力源等。躯体性压力源主要指作用于人的肉休、直接产生刺激作用的刺激物,包括各种生物、化学刺激物。这些刺激物不仅会引起生理的压力反应,而且会间接引起心理的压力反应。社会性压力源指导致个体生活方式的变化并要求对其适应和应对的社会生活情境和事件,包括有重大的社会变故、日常生活改变及日常生活琐事等。文化性压力源指各群体的文化特征,包括语言、风俗、宗教信仰等因素造成的压力源,如文化冲突、文化适应等。心理性压力源主要源于动机或心理冲突等。由于本书是基于生活事件视角研究煤矿事故中人因失误问题,因此,这里将导致煤矿工人心理压力的压力源限定为生活事件。

根据第 2 章对心理压力概念的总结,心理压力表现为"情绪"、"认知"、"生理"和"行为"等属性。情绪属性是指心理压力导致个体产生焦虑、恐惧、抑郁和愤怒等消极情绪反应,对情绪属性的度量为"情绪紊乱程度"。认知属性是指心理压力导致个体产生感觉、知觉、记忆、思维等认知能力下降,对认知属性的度量为"认知紊乱程度"。生理属性是指心理压力导致个体非特异生理反应,对生理属性的度量为"生理紊乱程度"。行为属性是指心理压力导致个体产生行为反应,对行为属性的度量为"行为紊乱程度"。综上所述,煤矿工人心理压力的特征向量为情绪紊乱程度、认知紊乱程度、生理紊乱程度和行为紊乱程度等。本书将煤矿工人心理压力的内涵界定为:煤矿工人受负性生活事件刺激影响时所导致的一种心理紧张状态,并导致个体心理机能和生理机能下降的结果。心理压力的外延是指受负性生活事件刺激影响而导致的心理压力。

（4）煤矿工人人因失误概念的界定

煤矿工人人因失误是本书研究的主要内容,本书第2章将人因失误总结为:在特定的作业环境和作业要求下,在作业过程中个体感知过程失误、识别判断过程失误和行动操作过程失误导致的行为结果偏离了规定的目标。

J. Reason以心理学为理论依据,在研究个体意向与行为之间关系的基础上,将所有的人因失误分为无意图的失误行为和有意图的失误行为。无意图的失误行为是指执行已形成意向计划过程中的失误,称为疏忽和过失;有意图的失误行为是在建立意向计划中的失误,称为错误或违反。疏忽和过失常常发生在技能型动作的执行过程中,是注意力失效和存储失效等个体机能下降所导致的无意图的偏离和疏忽失误;错误是指当面对于与自己意向不相容的指令或规则时,对指令或规则进行排斥,坚持自己的意向所导致的有意图的失误[127]。如图3-2所示。

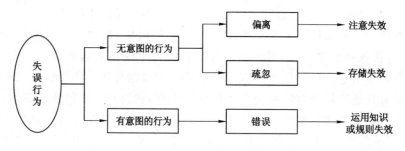

图 3-2　失误行为分类

结合本书的研究目的,这里将煤矿工人人因失误限定为无意图人因失误。煤矿工人人因失误的内涵界定为:受生活事件刺激影响,煤矿工人产生心理压力,并导致其心理机能和生理机能下降,进而导致煤矿工人在作业过程中出现感知过程失误、识别判断过程失误和行动操作过程失误,最终导致其无意图的失误行为。煤矿工人人因失误的外延是指受生活事件刺激影响而导致的煤矿工人无意图失误。

根据第2章对人因失误概念的总结,人因失误具有"失误"属性和"人因"属性。失误属性是指行为的结果偏离了规定的目标,人因属性是指个体感知、识别判断和行动操作。因此,这里采用感知过程失误、识别判断过程失误和行动操作过程失误等对人因失误进行度量。

感知过程失误是指个体无法及时、准确、全面地将外界环境信息传入大脑而导致的失误。识别判断过程失误是无法及时准确地复现已有的知识和经验对所接收信息进行及时正确地取舍判断而导致的失误。行动操作失误是受个体机能限制无法准确、敏捷、协调和连续地执行操作行为而导致的失误[128]。基于煤矿工人人因失误的内涵界定,本书将感知过程失误的内涵界定为:受负性生活事件刺激影响,煤矿工人产生心理压力,并导致其心理机能下降,在作业过程中无法及时、准确、全面地将外界环境信息传入大脑而导致的无意图人因失误。外延是指受负性生活事件刺激影响而导致煤矿工人在感知过程中出现的无意图失误。基于感知过程失误的内涵,本书用信息获取的"及时性"、"准确性"和"全面性"三个特征向量对感知过程失误进行度量。本书将识别判断过程失误的内涵界定为:受负性生活事件刺激影响,煤矿工人产生心理压力,并导致其心理机能下降,在作业过程中无法及时准确地复现已有的知识和经验对所接收信息进行及时正确的取舍判断而导致的无意图人因失误。外延是指受负性生活事件刺激影响而导致煤矿工人在识别判断过程中出现的无意图失误。基于识别判断过程失误的内涵,本书用"记忆信息获取的及时性"、"记忆信息获取的准确性"、"综合判断的及时性"和"综合判断的正确性"等四个特征向量对识别判断过程失误进行度量。本书将行动操作过程失误的内涵界定为:受负性生活事件刺激影响,煤矿工人产生心理压力,并导致其生理机能下降,在作业过程中无法准确、敏捷、协调和连续地执行操作行为而导致的无意图人因失误。外延是指受负性生活事件刺激影响而导致煤矿工人在行动操作过程中出现的无意图失误。基于行动操作过程失误的内涵,本书用操作的"准确性"、"敏捷性"、"协调性"和"连续性"等四个特征向量对行动操作过程失误进行度量。

通过上述对相关概念的内涵、外延和特征向量的界定,本书将相关概念汇总于表 3-1。

表 3-1　　　　　　　　　　　　相关概念界定

名称	概念的内涵	概念的外延	特征向量
煤矿工人生活事件	对个体日常生活带来改变,引起个体情绪波动,并导致其心理失衡,需要个体进行应对或适应的具有威胁性的负性事件	所有煤矿工人在日常生活中遭遇的负性重大或一般生活事件	精神影响程度、改变程度、作用时间
煤矿工人心理压力	煤矿工人受负性生活事件刺激影响时所导致的一种心理紧张状态,并导致个体心理机能和生理机能下降的结果	受负性生活事件刺激影响而导致的心理压力	情绪紊乱程度、认知紊乱程度、生理紊乱程度、行为紊乱程度

名称	概念的内涵	概念的外延	特征向量
煤矿工人人因失误	受生活事件刺激影响,煤矿工人产生心理压力,并导致其心理机能和生理机能下降,进而导致煤矿工人在作业过程中出现感知过程失误、识别判断过程失误和行动操作过程失误,最终导致其无意图的失误行为	受生活事件刺激影响而导致的煤矿工人无意图失误	感知过程失误、识别判断过程失误、行动操作过程失误
煤矿工人感知过程失误	受生活事件刺激影响,煤矿工人产生心理压力,并导致其心理机能下降,在作业过程中无法及时、准确、全面地将外界环境信息传入大脑而导致的无意图人因失误	受生活事件刺激影响而导致煤矿工人在感知过程中出现的无意图失误	信息获取的及时性、准确性、全面性
煤矿工人识别判断过程失误	受生活事件刺激影响,煤矿工人产生心理压力,并导致其心理机能下降,在作业过程中无法及时准确地复现已有的知识和经验对所接收信息进行及时正确地取舍判断而导致的无意图人因失误	受生活事件刺激影响而导致煤矿工人在识别判断过程中出现的无意图失误	记忆信息获取的及时性、准确性和综合判断的及时性、正确性
煤矿工人行动操作过程失误	受生活事件刺激影响,煤矿工人产生心理压力,并导致其生理机能下降,在作业过程中无法准确、敏捷、协调和连续地执行操作行为而导致的无意图人因失误	受生活事件刺激影响而导致煤矿工人在行动操作过程中出现的无意图失误	操作的准确性、敏捷性、协调性、连续性

3.2 生活事件视角下煤矿工人心理压力形成过程分析

心理压力的产生过程是由于压力源的刺激影响,个体根据自身的认知特征对压力源进行认知评价,并采用应对措施,如应对失败将导致心理压力的产生[129]。心理压力形成过程如图 3-3 所示。

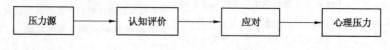

图 3-3 心理压力形成过程

3.2.1 生活事件对心理压力影响分析

基于上一节对生活事件和心理压力内涵和外延的界定,压力源主要是指煤矿工人在日常生活中所遭受的负性生活事件。压力刺激理论研究的代表人物 Holmes 和 Rahe 指出,生活事件是导致心理压力产生的主要诱因。张厚粲指出,个体在面对具有威胁性的负性生活事件比正性生活事件更容易导致心理压力。由此可知,煤矿工人遭遇的具有威胁性的负性生活事件是导致其心理压力的主要诱因。然而,生活事件发生的时间和频次是不以人的意志转移的,属于外界客观因素,且生活事件的发生存在以下特点:① 必然性。每位煤矿工人的生活环境复杂多变,会不可避免地遭受各种生活事件的刺激,因此生活事件的发生有其必然性。② 突发性。生活事件一般在发生前不具有发生的前兆,出乎个体的意料,留给个体解决问题的时间和余地较小,它要求个体必须在极短的时间内作出分析、判断,因此生活事件的发生具有突发性。③ 普遍性。生活事件贯穿于每位煤矿工人的一生,在煤矿工人生活中将不断遭遇生活事件的刺激,解决或适应了一个生活事件,新的生活事件又会发生,因此生活事件的发生具有普遍性[130]。综上所述,根据生活事件发生的必然性、突发性和普遍性特点,每位煤矿工人在日常生活工作中不可避免地遭受各类生活事件的影响。

煤矿工人是在煤炭企业生产作业一线从事体力劳动的操作工人,他们作为生活事件的承受主体,具有如下群体特征:① 煤矿工人受教育水平相对较低。煤矿井下地质条件复杂,煤矿工人长期工作在地下深处,时刻受水、火、瓦斯、煤尘、顶板等自然灾害的威胁,劳动条件差、强度大,工作时间和往返路途时间长,而且工资待遇相对较低。② 煤矿工人以中年为主。由于煤炭企业生产环境和待遇的限制,年轻人不愿到煤炭企业从事一线生产工作,生产一线煤矿工人年龄呈上升趋势,并以中年人为主。正值中年的煤矿工人需要照顾子女和赡养老人,在复杂多变的社会环境中,所遭受生活事件影响的概率更大。③ 煤矿工人社会支持系统较差。煤矿工人受其收入水平、教育水平和社会关系等方面限制,在应激过程中可利用的外部资源相对较少,其社会支持系统较差。④ 煤矿工人心理调节能力较差。受教育水平限制,煤矿工人对心理健康知识了解不足,对个人心理健康问题认知和重视程度不足[131]。当遭受生活事件影响时,煤矿工人难以积极主动并有意识地进行自我心理调节以减小心理压力对工作和作业安全带来的不利影响。基于上述分析可知,煤矿工人遭受生活事件刺激的概率较高,且社会支持系统和心理调节能力较差,在遭受生活事件刺激时,更容易导致心理压力。

综上所述,煤矿工人生活事件是导致心理压力的主要诱因,且生活事件的发生具有必然性、突发性和普遍性特点,每位煤矿工人在日常生活工作中不可避免地遭受各类生活事件的影响。煤矿工人遭受生活事件的概率较高,其社会支持系统和心理调节能力较差,在遭受生活事件刺激影响时,更容易导致心理压力。因此,生活事件与心理压力之间存在因果关系,生活事件是导致心理压力产生的自变量,心理压力是因变量。煤矿工人所遭受的生活事件对其精神影响程度越强、改变程度越大、影响时间越长,所导致的心理压力也就越大。生活事件对心理压力影响模型如图 3-4 所示。

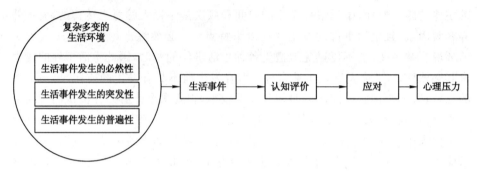

图 3-4　生活事件对心理压力影响模型

3.2.2　认知评价对心理压力影响分析

认知评价是指个体从自身角度对遇到生活事件的性质、程度和可能的危害情况做出估计,同时也估计面临生活事件时个体可动用的应对生活事件的资源[132]。对生活事件和资源的认知评价直接影响煤矿工人的应对活动和心身反应,因而,认知评价对心理压力存在重要影响。

3.2.2.1　认知评价基础分析

从认知评价的基础来看,煤矿工人在认识客观事物时,其认知的结果并非完全反映客观现实,而是以认知特征为基础对生活事件的性质、精神影响程度和改变程度等作出认知评价。由于每位煤矿工人认知评价的基础不同,所导致的心理压力程度也各不相同。许多研究证明,对生活事件的认知评价在生活事件与心理压力之间确实起到决定性的作用[133]。认知评价的基础是认知特征,包括个性心理特征、社会支持系统和个人能力等。

（1）个性心理特征

个性心理特征是指一个人区别于他人的、稳定的心理特征和品质的总和[134],即在个人身上稳定地表现出来的不同于他人的心理特点的总和,包括个人性格、气质和价值观等。性格是人们在对待事物的态度和行为上所表现出的稳定的心理特征。世界上没有性格完全相同的两个人,煤矿工人的性格也是各不相同,表现为行为、实践、思维、意志、情感等心理活动的方式各不相同。因此,不同性格的煤矿工人对所遭遇生活事件的认知评价各不相同。气质是人的高级神经活动类型的心理表现,是不以活动目的和内容为转移的典型的、稳定的心理活动的动力特征,即日常所说的性情、脾气等。不同气质类型的煤矿工人对生活事件的认知评价也各不相同。价值观是人们对事物意义大小的一种主观分级、分类或其他评定方式,以及进行这种评定的标准。不同的煤矿工人价值观各不相同,对生活事件的性质、改变性程度及精神影响程度等认知评价也各不相同。因此,不同个性心理特征的煤矿工人对生活事件的认知评价不同,表现为煤矿工人对生活事件的认知态度不同。煤矿工人在对生活事件认知评价过程中,所持有的认知态度越客观,导致的心理压力越小。

(2)社会支持系统

社会支持系统是指个体的家庭、亲友、同事、所在组织等所给予的精神与物质上的关注和支援,它是个体在应激过程中可利用的外部资源[135]。社会支持系统主要包括两类:一类是客观的、实际的、可见的支持,包括物质上的直接援助和社会网络支持,如遭遇生活事件后从家庭、亲友等获得的物质帮助;另一类是主观的、体验到的或情绪上的支持,指个体受到社会或他人的尊重、支持和被理解的情绪体验,如遭遇生活事件后从亲友、家庭等获得的精神抚慰。由于每位煤矿工人的家庭、人际关系、所在组织等各不相同,其社会支持系统各不相同,在遭遇生活事件时,对生活事件的性质、改变性程度及精神影响程度等认知评价也各不相同。因此,不同社会支持系统的煤矿工人对生活事件的认知评价不同。煤矿工人在对生活事件认知评价过程中,社会支持系统越好所导致的心理压力越小。

(3)个人能力

个人能力表现为个人在遭遇问题时解决问题的知识与技能,是从事各种活动、适应生存所必需的且影响活动效果的知识与技能的总和[136]。由于每位煤矿工人知识与技能等各不相同,在遭遇生活事件时,对所遭遇生活事件所带来的问题的解决能力各不相同。因此,不同知识与技能的煤矿工人对生活事件的性质、精神影响程度和改变程度认知评价不同。煤矿工人在对生活事件认知评价过程中,解决问题的能力越强所导致的心理压力越小。

综上所述,本书将认知评价的内涵界定为:当煤矿工人遭受生活事件刺激时,个体根据个性心理特征和倾向性、社会支持系统和个人能力对生活事件的性质、严重程度及处理能力作出相应的认知评价,并以此作为应对的基础。煤矿工人认知评价的特征向量包括认知态度、社会支持系统和解决问题的能力。因此,煤矿工人在对生活事件认知评价过程中,所持有的认知态度越客观、社会支持系统越好、解决问题的能力越强,所导致的心理压力越小。

3.2.2.2 认知评价过程分析

压力认知交互(CPT)理论认为压力的产生,除了压力源被评价为威胁外,还体现为个体不能对其作出有效的认知评价和应对。从认知评价的过程来看,Folkman 和 Lazarus 将个体对生活事件的认知评价过程分为初级评价和次级评价两个过程[137]。初级评价是个体在遭受生活事件刺激时立即作出的是否与个体存在利害关系的认知判断。如果个体认为生活事件对个体能够产生一定的影响,个体会根据个体的能力和资源对生活事件解决的可能性进行评估,即次级评价。与此同时,个体会以次级评价作为应对活动的依据,并采取应对行动。基于压力认知交互理论模型,本书提出认知评价对心理压力影响过程模型,如图 3-5 所示。

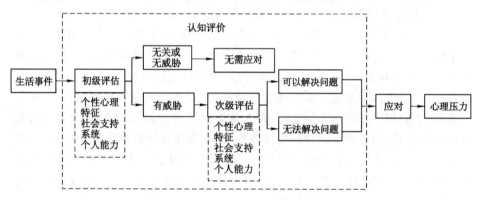

图 3-5 认知评价对心理压力影响过程模型

根据认知评价对心理压力的影响过程模型,当遭遇生活事件刺激时,煤矿工人首先根据自己的个性心理特征、社会支持系统和个人能力作出初级评价,对该生活事件的性质作出判断,即是否与自身有关、是否对自身构成威胁。如果与自身无关或者无威胁将不产生心理压力。如果该生活事件对自身构成一定的威胁,根据个性心理特征、社会支持系统和个人能力作出次级评价,判断自身资源与能力能否解决该生活事件所带来的威胁并采取应对措施,应对的结果直接影响其心理压力的产生。因此,煤矿工人对生活事件的认知评价是导致心理压力的主观因素。

3.2.3 应对对心理压力影响分析

应对是当个体评估内在或者外在的要求超过自身的资源后所持续进行的认知和行为努力[138]。B. E. Compas 认为,应对是当个体遭遇生活事件刺激时,个体努力解决问题或有意识地调节情绪的过程[139]。我国学者姜乾金认为,应对是个体为了应对生活事件改变所采取的各种认知活动和行为活动,以期改变或适应生活事件变化对其所带来的困扰[140]。梁宝勇认为,应对是个体在应激环境或事件中,对该环境或事件作出认知评价之后为平衡自身精神状态所采取的措施[141]。根据 Lazarus 和 Folkman 等人提出的压力认知交互理论,应对是生活事件与心理压力结果之间的重要中介。基于上述学者对应对的概念界定,本书认为应对是指煤矿工人在遭受生活事件刺激时,个体在认知评价的基础上所采取应对活动,以期减小生活事件对其所带来的困扰。应对也是影响个体心理压力的重要因素之一。

3.2.3.1　应对方式分析

Lazarus 和 Folkman 将应对方式分为情绪取向应对和问题取向应对两大类。情绪取向应对是指个体无法解决生活事件所带来的困扰,通过情绪调节适应生活事件所带来的不利影响。问题取向应对是指个体自身资源能够解决生活事件所带来的困扰,并采取应对策略,如果应对成功将不产生心理压力,如果应对失败将采取情绪取向应对,以摆脱生活事件所带来的困扰。韦有华研究发现,面对生活事件的困扰时,如果采取问题取向应对方式并摆脱生活事件所带来的困扰,导致的心理压力较低或不产生心理压力;如果采取情绪取向应对方式,且应对失败将导致心理压力[142]。这一观点也得到金怡研究结论的支持[143]。个体采用问题取向应对活动主要目的是为了解决生活事件所带来的问题,采用情绪取向应对活动主要目的是为了适应生活事件所带来的不利影响,从而恢复心理平衡。

基于上述应对概念的总结和分类,本书认为应对的内涵是指煤矿工人在遭受生活事件刺激时,个体以认知评价为基础所采取的问题取向应对活动和情绪取向应对活动,以期减小生活事件对其所带来的困扰。应对具有"问题取向"属性和"情绪取向"属性,本书以个体应对的"合理性程度"和"问题解决程度"对问题取向属性进行度量,以个体的"适应性程度"和"心理恢复程度"对情绪取向属性进行度量。由此可知,煤矿工人应对的特征向量包括应对的合理性程度、问题解决程度、个体的适应性程度和心理恢复程度。因此,煤矿工人在遭受生活事件刺激时,在其应对过程中,应对措施越合理、问题解决程度越大、个体适应性越强和心理恢复程度越大,所导致的心理压力越小。

3.2.3.2　应对过程分析

从应对的过程来看,在遭受生活事件刺激影响时,煤矿工人以认知评价结果为依据,分别采取问题取向应对和情绪取向应对。根据压力认知交互理论,当面对生活事件刺激时,煤矿工人会根据认知评价特征对生活事件进行初级评估和次级评估。如果初级评估认为生活事件与自己无关或无威胁,将不采取应对措施,也不会产生心理压力。如果初级评估认为生活事件对其产生威胁,将进行次级评估,判断该生活事件所带来的问题能否利用自己的资源进行解决。如果次级评估的结果是利用自身的资源能够解决生活事件所带来的问题,个体将采取问题取向应对方式;若应对成功将不产生心理压力,如果应对失败将采取情绪取向应对。如果次级评估的结果是无法解决生活事件所带来的问题,个体将采取情绪取向应对方式,如果情绪取向应对成功,即个体通过情绪调节适应生活事件所带来的改变,则心理恢复平衡,心理压力消失;如果情绪取向应对失败,个体面对境遇束手无策,将导致心理压力产生。因此,应对也是导致煤矿工人心理压力的主观因素。基于压力认知交互理论模型,本书提出应对对心理压力影响过程模型,如图 3-6 所示。

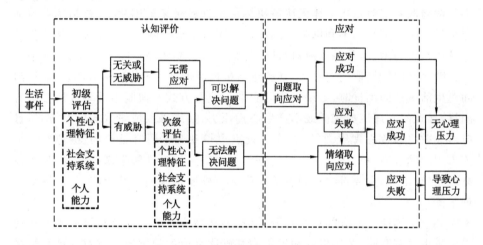

图 3-6　应对对心理压力影响过程模型

3.3　心理压力对煤矿工人人因失误影响过程分析

3.3.1　心理压力对个体机能影响分析

3.3.1.1　个体机能概念的界定

个体机能是指人的整体及其组成器官所具有的心理和生理能力,包括心理机能和生理机能,是工人高效、安全地完成其作业任务的基础。

(1)心理机能概念的界定

心理机能是指个体心理活动中根据个性心理特征进行意志努力所体现出的能力,心理机能一般包括个性心理和心理过程。个性心理一般是指个性心理倾向与特征,即个体的动机、兴趣、信念、气质和性格等。心理过程包括情绪过程、认知过程和意志过程。情绪过程是指人在认识客观事物时产生的快乐、愤怒、恐惧和悲哀等情绪体验,心理学将个体的情绪归纳为"快乐"、"愤怒"、"恐惧"和"悲哀"四种基本形式。快乐是个体精神的一种愉悦,是一种心灵上的满足;愤怒是指由于干扰,使个人愿望受阻或产生违背愿望的情景时,逐渐积累紧张性而产生的情绪体验;恐惧是个人在面临并企图摆脱某种危险情景而又无能为力时,产生的情绪体验;悲哀是指失去所爱的对象、与所爱的人关系破裂以及与盼望的东西幻灭相联系的情绪体验。认知过程是指感觉、知觉、记忆、思维等对客观事物的认知活动,是为弄清客观事物的性质和规律而产生的心理活动。感觉是人对直接作用于本身的感觉器官的事物的个别属性的反应过程;知觉是对直接作用于感觉器官的事物的整体的反应过程;记忆是人对以往曾经接触过的对象和现象的复现过程;思维是人对进入大脑的各种信息、知识、表象进行概括、提炼、加工、改造的过程。意志过程是指个体根据自己的心理特征确定行动目的,拟定计划和步骤,克服各种困难,最后把计划付诸行动,并力求加以实现的心理过程。意志过程包括意志力、注意力、意识觉醒水平和意欲等。意志力是个体自身对意识的积极调解和控制的能力;注意力是指心理活动对一定事物的指向和集中,指向性是指对一定事物的选择,集中性是指对所选择事物的关注和坚持;意识觉醒水平是指人脑的清醒程度,意识层次模型指出中枢系统能否意识集中而注意于当前的活动,并有效而安全地进行其工作,依赖于意识水平层次的高低;意欲是指个体在思想上对某种事物的欲望。

基于心理机能的概念,心理机能具有"心理特征"属性、"意志"属性和"认知"属性。其中,心理特征属性体现为个体的动机、兴趣、信念、气质和性格等,在煤矿工人作业过程中表现为工作意欲与工作责任感,因此,采用工作意欲与工作责任感对心理特征属性进行度量;意志属性体现为心理活动过程中的意志能力,通过注意力、意识觉醒水平、意志力对意志属性进行度量;认知属性体现为心理活动过程中的认知能力,通过感觉能力、知觉能力、记忆能力和思维能力对认知属性进行度量。

(2)生理机能概念的界定

生理机能是指个体在新陈代谢作用下,各器官系统工作的能力。各器官的生理指标一般包括身高、体重、肩高、臂长、腿长、视力、视野、色觉、听力、心功能、肺功能、操作能力、手握力、腿力、背力及耐力等[144]。基于生理机能的概念,生理机能具有"生理"属性和"机能"属性。其中,生理属性是指维持个体机能的基本生理指标,基本生理指标包括身高、体重、肩高、臂长、腿长、视力、视野、色觉、听力、心功能、肺功能等,采用基本生理指标对生理属性进行度量;机能属性是指个体在作业过程中所体现的力量强度、耐久能力及操作能力,本书采用体力、耐力和行动操作能力对机能属性进行度量。

3.3.1.2 心理压力对个体机能影响分析

当个体产生心理压力时,必然产生压力反应。压力反应是指个体在生活适应过程中,由于环境要求与自身应对能力不平衡所引起的一种心身紧张状态,这种紧张状态倾向于通过非特异性的心理和生理反应表现出来。如果心理压力持续存在,并超过了个体的承受能力,就会对个体的生理和心理产生不利影响,致使生理机能和心理机能状态下降[145]。许多研究表明,适当的生活变化可以激励人们去适应新环境,但如果变化过大、过快和持续过久,超过了机体自身的调节和控制能力,就会造成适应的困难,引起心理、生理功能的紊乱,甚至导致疾病,进而对个体机能产生不利影响。

J. P. Veronica 和 E. P. Kyra 认为,心理压力过大将产生心理健康症状、生理健康症状和行为症状[146]三个方面的消极后果。心理反应包括认知和情绪反应,如注意力不集中、短期和长期记忆力减退、错觉增加、思维混乱等;生理反应主要是指过高的工作压力所导致的身体上的不适,主要表现为新陈代谢紊乱、心率与呼吸频率增加、疲劳、血压升高、头痛、缺乏食欲等症状;行为反应主要体现在一般意义上的非正常行为上,包括指向外部环境的过激行为(如攻击、破坏等)和指向自身的不当行为(如过量饮食、过度吸烟等物质滥用行为),以及一些工作中的行为表现,主要体现为请假、缺席、离职和事故等。

由于本书对煤矿工人人因失误的外延界定为无意图人因失误,而根据行为反应概念可知,行为反应属于有意图的人因失误,因此行为反应不在本书的研究范畴。

(1)心理反应对个体机能影响分析

受心理压力影响,个体将产生心理反应,心理反应可分为情绪反应和认知反应两类,且心理反应对个体的心理机能产生不利影响[147]。

① 情绪反应对心理机能影响分析

受生活事件影响并导致煤矿工人产生心理压力时,煤矿工人将产生愤怒、恐惧和悲哀等消极情绪反应,这些负性情绪反应与其他心理活动产生相互影响,对煤矿工人的心理机能产生不利影响。愤怒是指在煤矿工人有目的的活动中,所追求的目标受阻,自尊心受到严重损伤,为排除阻碍或恢复自尊而出现的反应状态,是由于遇到与愿望相违背并一再地受到妨碍而逐渐积累起来的高度紧张情绪[148]。愤怒情绪将导致煤矿工人意识混乱、反应迟钝、精神恍惚,甚至昏厥等现象。Koukoulaki Theoni 指出随着愤怒情绪的持续或程度的增强,心理层面的压力反应就会随之增加,导致意识觉醒水平将随之降低[149]。恐惧是对于外部发生的危险作出的一种心理反应。当煤矿工人意识到负性生活事件所带来危险或者改变,也明确自己恐惧的原因,但对自己如何避免危险或战胜危险或适应变化,却无能为力时,即产生恐惧情绪。受到恐惧情绪的影响,煤矿工人往往会把自己的注意力指向和集中在所担心的事件或后果中,而分配给作业过程中的注意力不足,导致其在作业过程中注意力分散。悲哀是以情绪低落、哭泣、失望、自信心能力减退为主要特征。受到悲伤情绪的影响,煤矿工人对未来悲观失望并失去信心,对工作失去兴趣,对自身意识调节和控制的动力下降。悲伤情绪将导致个体意志力下降、工作意欲下降和工作责任感下降[150]。

综上所述,受心理压力影响,煤矿工人在情绪反应过程中,其注意力分散、意识水平降低、意志力降低、工作意欲下降和工作责任感下降,从而导致煤矿工人心理机能下降。

② 认知反应对心理机能影响分析

煤矿工人受心理压力影响,产生认知反应,对认知能力产生不良影响,导致其感知能力、记忆能力和思维能力下降。表 3-2 列出了认知反应中认知能力下降的具体表现。

表 3-2　　　　　　　　认知反应中认知能力下降表现[151]

感知能力下降	记忆能力下降	思维能力下降
无视或遗忘信息 信息获取能力低下 感知滞后 歪曲感知到的信息 感知对象偏移 感知能力障碍	信息识记能力减退 信息保持存储能力减退 与记忆信息再认能力下降 暂时的记忆中断 无法及时准确获取记忆信息 记忆能力减退	信息分析能力减退 信息综合能力减退 比较鉴别能力减退 抽象能力减退 概括能力减退

受心理压力影响,个体在认知反应过程中对认知能力产生严重影响。煤矿工人的注意力受到影响时,其在作业过程中所能准确感知到的对象数量缩小,注意力难以长时间地保持在作业活动中,分配给作业过程中的注意力相对不足,注意力往往会转移到亟待解决的生活事件中,而导致在作业过程中感觉能力、知觉能力、记忆能力和思维能力下降。当煤矿工人意识觉醒水平受到影响时,表现为在作业过程中出现精神恍惚、意识模糊甚至神志不清等现象,导致其在作业过程

中视听能力受限,无法及时准确获取外界信息,进而直接影响知觉能力,无法客观系统地反应外界环境信息的全貌。由于意识不清,无法识记作业环境中外部信息和回忆已有的知识和经验,也无法对相应的信息进行概括、提炼和判断等。因此,意识觉醒水平下降将导致煤矿工人在作业过程中感觉能力、知觉能力、记忆能力和思维能力下降。当煤矿工人意志力受到影响时,对自身的意识调解能力和控制能力下降,难以使自己的意识集中在作业活动中,对作业环境信息感知不足,提取、存储及回忆信息和知识能力下降,也无法对相应的信息进行概括、提炼和判断等。因此,意志力下降将导致煤矿工人在作业过程中感觉能力、知觉能力、记忆能力和思维能力下降。

综上所述,受心理压力影响,煤矿工人在产生认知反应过程中会导致其感觉能力下降、知觉能力下降、记忆能力下降和思维能力下降,从而导致心理机能下降。

(2)生理反应对个体机能影响分析

生理反应是个体受到外界环境刺激,机体所反应的一种紧张状态。根据加拿大学者 Hans Selye 提出的一般适应综合征理论,当个体遭遇生活事件刺激时,个体产生非特异生理反应,GSA 模型分为警觉、阻抗和衰竭三个阶段[152]。在警觉阶段,当个体遭受生活事件刺激后,会产生一系列生理的变化,以唤起体内的整体防御能力。主要表现为体内释放的肾上腺素会不断增加通向心、脑等器官的血流,提高机体感知能力,增加能量以便应对这些事件。同时引起心率加快、心脏收缩力增强、血压增高、肠胃分泌液减少、蠕动减慢,呼吸加快,尿频,出汗,手脚发凉,厌食,腹胀等生理反应。在阻抗阶段,生理和生化继续存在,垂体促使肾上腺皮质激素和肾上腺皮质激素分泌增加,以增强应对生活事件的抵抗程度,从而消耗个体的体力和耐力。在衰竭阶段,如果心理压力持续存在,阻抗阶段延长,机体会丧失抵抗能力,表现为生理机能紊乱、神经系统、内分泌系统和免疫系统机能下降,产生"适应性疾病",甚至死亡[153]。

受心理压力影响,个体产生非特异生理反应,导致其新陈代谢、神经系统、内分泌系统和免疫系统机能下降,并大量消耗其体力和精力,致使其躯体僵化、体力下降和耐力下降[154]。受个体生理反应影响,煤矿工人作业过程中会出现操作敏捷性下降、操作协调性下降、操作准确性下降、操作连续性下降,出现多余行动、过激行动、无目的行动、不能行动等操作能力障碍,导致其作业过程中无法作出合理的操作行为[155]。因此,煤矿工人产生生理反应时,其体力下降、耐力下降和操作能力下降,进而导致其生理机能下降。

综上所述,在遭受生活事件刺激影响后,煤矿工人产生心理压力反应和生理压力反应。心理反应将导致煤矿工人在作业过程中注意力分散、意识觉醒水平下降、意志力降低、工作意欲下降、工作责任感下降、感觉能力下降、知觉能力下降、记忆能力下降和思维能力下降,进而导致煤矿工人心理机能下降。生理反应导致其在作业过程中体力下降、耐力下降和行动操作能力下降,进而导致煤矿工人生理机能下降。

3.3.2　个体机能对人因失误影响分析

3.3.2.1　煤矿工人人因失误过程分析

根据瑟利提出的 S-O-R 人因失误理论,人行为的机理是个体(O)在受到刺激(S)时作出反应(R)的过程。个体在受到外界刺激时作出相应的反应过程中,伴随着复杂的信息处理过程,个体认知响应过程分为感知过程、识别判断过程和行动操作过程[156],是一个不断循环的过程,如图3-7所示。

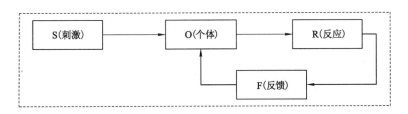

图 3-7　S-O-R 人因失误模型

煤矿工人在作业过程中,生产现场的工作指令、设备运行状态、作业环境信息等外界信息通过工人感觉器官传入大脑即为感知过程;煤矿工人依据自己的经验、知识等对所接收信息进行取舍判断即为识别判断过程;将判断后大脑所发出的指令通过神经系统传给手脚,以产生动作进行控制操作即为行动操作过程,煤矿工人在作业中将不断地重复上述"感知-判断-操作"过程。

根据前述心理压力对个体机能影响分析结论,当煤矿工人遭受生活事件刺激后,产生心理压力时,煤矿工人产生压力反应,导致其心理机能和生理机能下降,进而干扰煤矿工人"感知-判断-操作"过程,这个过程的任何一个环节都会存在干扰,且任何一个环节出现延迟或差错,都可能导致煤矿工人人因失误。基于上述分析,本书提出个体机能对煤矿工人人因失误影响模型,如图3-8所示。

3.3.2.2　个体机能对人因失误影响过程分析

在遭受生活事件刺激影响后,产生一定的心理压力时,煤矿工人产生压力反应,其个体机能下降,即导致煤矿工人心理和生理机能下降。

根据心理机能的内涵界定,心理机能的特征向量包括注意力、意识觉醒水平、意志力、工作意欲、工作责任感、感觉能力、知觉能力、记忆能力和思维能力。

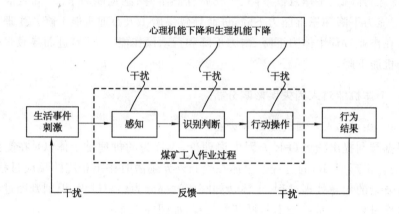

图 3-8　个体机能对煤矿工人人因失误影响模型

在煤矿工人心理机能下降时,其心理机能特征向量降低。其中感觉能力降低和知觉能力降低对感知过程产生直接影响,致使其在作业过程中出现感知滞后、无视或遗忘信息、感知对象偏移、歪曲感知信息等现象,无法及时准确地获取作业信息,从而导致感知过程失误、记忆能力下降和思维能力下降,对识别判断过程产生直接影响,致使其作业过程中出现信息识记能力减退、信息保持存储能力减退、记忆中断、无法及时获取记忆信息、信息分析能力减退、信息综合能力减退、比较鉴别能力减退、抽象能力减退、概括能力减退等现象,无法及时准确地复现已有的知识和经验和对所接收信息进行及时正确地取舍判断,从而导致识别判断过程失误。

根据生理机能的内涵界定,生理机能的特征向量包括基本生理指标、体力、耐力和行动操作能力。在煤矿工人生理机能下降时,导致其生理机能特征向量降低,对煤矿工人行动操作过程产生直接影响,致使工作业过程中出现行动敏捷性、协调性、准确性、连续性下降,出现多余、过激、无目的、不能行动等行为,在作业过程中无法做出合理的操作行为,从而导致行动操作过程失误。

受个体机能下降影响,如果煤矿工人感知过程失误,在其作业过程中所获取的作业信息失真,必将导致识别判断过程失误;如果煤矿工人在作业过程中识别判断失误,将错误的指令传递给大脑,并通过神经系统传给手脚,将产生错误的行动操作,进而导致人因失误。由上述分析,受个体机能下降影响,煤矿工人在作业过程中人因失误产生过程如图 3-9 所示。

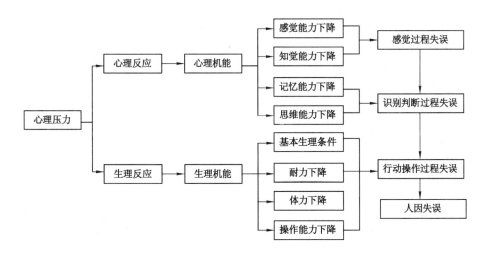

图 3-9　个体机能下降对人因失误影响过程模型

3.4　生活事件视角下煤矿事故中人因失误 LPIH 理论模型

　　基于上述生活事件对煤矿工人人因失误影响过程分析,本书提练出生活事件视角下煤矿事故中人因失误致因机理理论模型,可以将生活事件导致人因失误的过程分为四个关键要素和三个阶段。其中,四个关键要素包括:生活事件(Life Event)、心理压力(Psychological Stress)、个体机能(Individual Function)和人因失误(Human Error)。三个阶段包括:第一阶段为生活事件导致心理压力阶段(Life Event-Psychological Stress,LE-PS);第二阶段为心理压力导致个体机能下降阶段(Psychological Stress-Individual Function,PS-IF);第三阶段为个体机能下降导致人因失误阶段(Individual Function-Human Error,IF-HE)。本书采用关键要素的英文首字母将生活事件视角下煤矿事故中人因失误致因机理理论模型命名为 LPIH 理论模型,LPIH 理论初始模型如图 3-10 所示。

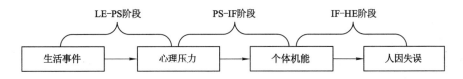

图 3-10　LPIH 理论初始模型

（1）LE-PS 阶段分析

因为生活事件发生具有必然性、突发性和普遍性特点，每位煤矿工人在日常生活工作中不可避免地遭受各类生活事件的影响。因此，生活事件是导致煤矿工人心理压力和人因失误的客观因素。由于煤矿工人受教育程度相对较低，缺乏心理健康相关知识，且煤矿工人心理调节能力较差，在煤矿工人遭受生活事件后，煤矿工人难以对生活事件作出客观的认知评价和科学合理的采取应对措施，往往导致煤矿工人产生心理压力。LE-PS 阶段如图 3-11 所示。

（2）PS-IF 阶段分析

在遭受生活事件刺激影响，并产生一定的心理压力后，煤矿工人产生压力反应（心理反应和生理反应），导致其个体机能（心理机能和生理机能）下降。心理反应将导致煤矿工人在作业过程中注意力分散、意识觉醒水平下降、意志力降低、工作意欲下降、感觉能力下降、知觉能力下降、记忆能力下降和思维能力下降，进而导致煤矿工人心理机能下降。生理反应导致其在作业过程中体力下降、耐力下降和行动操作能力下降，进而导致煤矿工人生理机能下降。PS-IF 阶段如图 3-12 所示。

（3）IF-HE 阶段分析

在煤矿工人个体机能下降时，其心理机能和生理机能降低。其中心理机能中的感觉能力降低和知觉能力降低对感知过程产生直接影响，致使其在作业过程中出现感知滞后、无视或遗忘信息、感知对象偏移、歪曲感知信息等现象，无法及时准确地获取作业信息，从而导致感知过程失误；心理机能中的记忆能力下降和思维能力下降对识别判断过程产生直接影响，致使其作业过程中出现信息识记能力减退、信息保持存储能力减退、记忆中断、无法及时获取记忆信息、信息分析能力减退、信息综合能力减退、比较鉴别能力减退、抽象能力减退、概括能力减退等现象，无法及时准确地复现已有的知识和经验对所接收信息进行及时正确地取舍判断，从而导致识别判断过程失误；生理机能的基本生理指标、体力、耐力和行动操作能力降低，对煤矿工人行动操作过程产生直接影响，致使作业过程中出现行动敏捷性下降、行动协调性下降、行动准确性下降、行动连续性下降，出现多余、过激行动、无目的行动、不能行动等行为，在作业过程中无法作出合理的操作行为，从而导致行动操作过程失误。煤矿工人循环不断重复执行"感知-判断-操作"过程，任何一个过程出现失误必然导致下一个过程失误，最终导致人因失误。IF-HE 阶段如图 3-13 所示。

综上所述，本书提出的生活事件视角下煤矿事故中人因失误致因机理理论模型，即 LPIH 理论模型如图 3-14 所示。

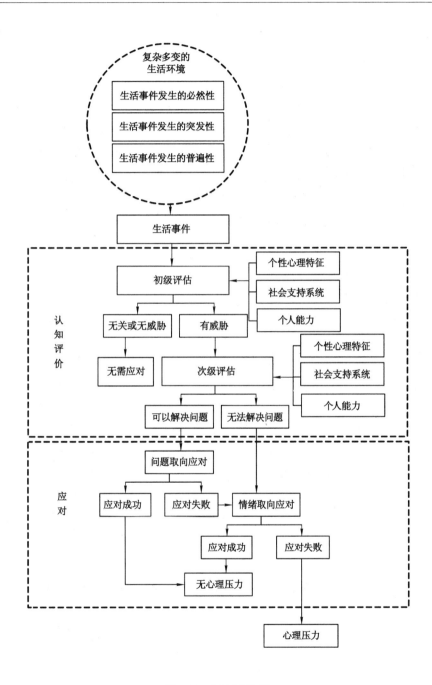

图 3-11 LE-PS 阶段

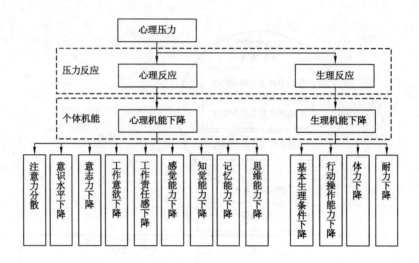

图 3-12　PS-IF 阶段

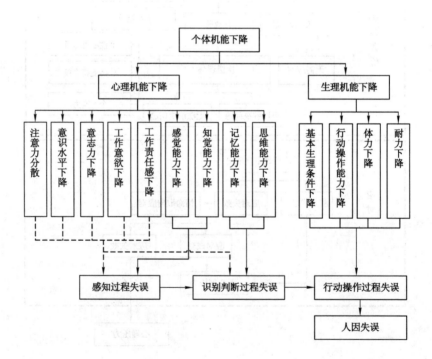

图 3-13　IF-HE 阶段

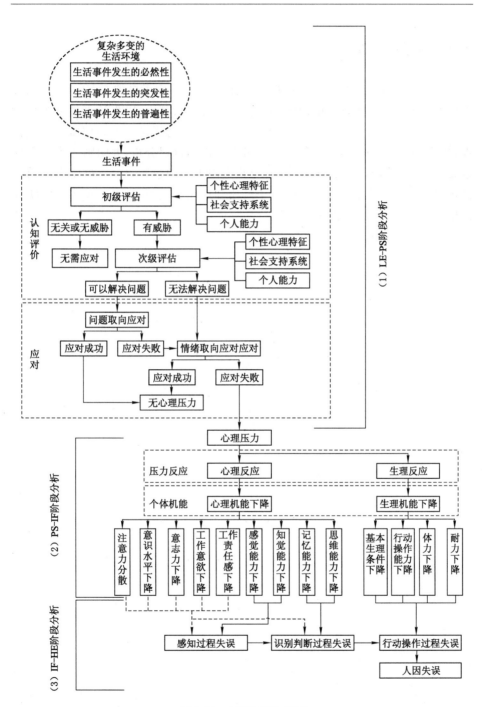

图 3-14 LPIH 理论模型

3.5　本章小结

　　本章首先基于本书的研究目标提出研究假设,界定了煤矿工人生活事件、心理压力和人因失误等概念的内涵、外延和特征向量;其次,以生活事件为视角对煤矿工人心理压力产生过程进行了系统分析,并厘清煤矿工人心理压力形成机理;然后,展开心理压力对煤矿工人人因失误影响过程分析,并明晰压力反应导致煤矿工人个体机能状态下降,进而导致人因失误的过程;最后,确定了生活事件视角下煤矿事故中人因失误的三个阶段和四个关键要素,并提出了 LPIH 理论模型,为后续研究奠定理论基础。

4 煤矿事故中人因失误致因机理实证研究

本章是在第 3 章生活事件视角下煤矿事故中人因失误致因机理(LPIH)理论分析的基础上,应用结构方程模型方法展开 LPIH 理论模型的实证研究。本章在理论分析的基础上提出研究假设及理论模型,构建用于结构方程模型的潜变量、观测变量、结构方程模型及模型检验的研究方法,通过调查问卷收集用于实证研究的基础数据,并应用结构方程方法对模型的拟合优度进行检验、假设路径检验,获得 LPIH 结构方程模型,并确定生活事件导致人因失误的致因路径及路径系数,揭示生活事件对人因失误的影响机理,从而为煤炭企业人因失误预控管理提供理论依据。

4.1 研究方法设计与初步设定

基于生活事件视角下煤矿事故中人因失误致因机理进行实证研究的需要,对生活事件、认知评价、应对、心理压力、心理机能、生理机能、感知过程失误、识别判断过程失误和行动操作过程失误等变量进行度量,并厘清其相互之间的影响关系。由于上述变量具有主观性强、直接度量难、因果关系比较复杂等特点,因此为得到科学、客观的研究结论,研究方法的选择尤为关键。

结构方程模型属于多变量统计,是一种可以将测量与分析整合为一的计量研究技术,它可以同时估计模型中的观测变量和潜在变量,可以估计测量过程中观测变量的误差,也可以评估测量的信度与效度,同时检验模型中包含的观测变量、潜在变量、误差变量间的关系,进而获得外生潜变量对内生潜变量影响的直接效果、间接效果和总效果。运用结构方程模型必须有理论或经验法则支持,由理论来引导,在理论导引的前提下构建假设模型图。结构方程分析本质上是一种验证式的模型分析,利用所搜集的实证资料来确认假设的潜在变量间的关系,以及潜在变量与显性指标的一致程度,此种验证或检验就是比较所提出的假设模型隐含的协方差矩阵与实际搜集数据导出的协方差矩阵之间的差异。结构方程模型具有如下优点:

(1)准确高效。在变量值估算时,采用路径分析或回归分析方法在估算变量值时只能逐一估算,而结构方程分析方法可以同时估算多个因变量;在估算因子负载和因子间关系时,一般分析方法是分两个步骤独立估算,而结构方程分析方法同时估计因子负载和因子间关系,使估算结果更精确,提高了研究者的工作效率。

(2)允许测量误差的存在。研究中构建的观测值一般通过主观评价获得,观测值都含有一定的测量误差,与其他方法相比,结构方程模型方法在估算自变量和因变量参数时,允许变量误差的存在。

(3)测量模型弹性较大。因子分析方法只允许每一个指标隶属于一个因子,而结构方程分析允许一个指标从属于多个变量或考虑高阶因子等比较复杂的从属关系的模型。

(4)可以计算模型的整体拟合优度。在路径分析和因子分析中,只能估计每一个路径的大小和因子载荷;而在结构方程模型中,可以计算不同模型对同一个样本数据的整体拟合程度,从而判断哪个模型更接近数据所呈现的关系。

基于研究需要,结合结构方程模型的功能特点,本书采用结构方程模型(SEM)方法对 LPIH 理论模型进行实证分析。应用结构方程模型方法实现实证研究,分为结构方程模型设定、结构方程模型识别、结构方程模型设计、结构方程模型评价和结构方程模型修正五个步骤,如图 4-1 所示。

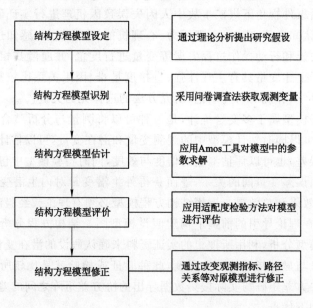

图 4-1 结构方程模型实施步骤

(1)结构方程模型设定。通过理论分析初步确定了用于结构方程模型的外生潜变量和内生潜变量,并根据理论分析结果提出研究假设,完成模型设定工作。

（2）结构方程模型识别。在确定结构方程模型的潜在变量后,需要通过观测变量实现对潜变量的测量和识别,以确保能够估算出模型的各个参数。在借鉴已有的研究基础之上,模型识别一般采用问卷调查法获得用于结构方程模型的各个潜变量的观测变量。

（3）结构方程模型估计。在结构方程模型识别的基础上,确定了各个潜变量的观测变量,并通过调查问卷所获取数据,结合已经提出的概念模型,构建出结构方程模型的测量模型和结构模型,并应用 Amos 17.0 软件工具对模型中的参数求解。

（4）结构方程模型评价。结构方程模型中的参数被估计之后,需应用模型适配度检验方法对模型进行适配度评估,以检验模型对样本观测值的拟合程度。

（5）结构方程模型修正。如果模型拟合优度指标不能通过相关检验,需通过改变观测指标、路径关系等对原模型进行修正,直到模型与数据的拟合程度达到要求。

基于上述研究步骤,本书主要通过问卷调查法获取观测变量数据,实现对模型的识别和估计,应用 Amos 17.0 软件工具对模型中的参数求解,应用模型适配度检验方法对模型进行适配度评估,依据模型评价结果对结构方程模型进行修正,从而获得 LPIH 结构方程模型。

4.1.1　结构方程模型设定方法设计

结构方程模型设定主要根据本书的研究内容确定用于结构方程模型的外生潜变量和内生潜变量,并基于理论分析结论提出本书的研究假设,确定各潜变量之间的路径关系,从而完成结构方程模型的设定工作。

4.1.1.1　潜变量初步设定

根据认知心理学及人因失误相关理论,结合第 3 章生活事件视角下煤矿事故中人因失误致因机理理论分析结论,当遭受生活事件影响时,煤矿工人根据其认知特征对生活事件作出相应的认知评价,并以此作为应对策略选择的基础。如果应对成功则心理恢复平衡,反之就会导致心理压力产生。在一定的心理压力下,煤矿工人会产生心理压力反应和生理压力反应,压力反应导致其心理机能和生理机能下降,进而导致其感知过程失误、识别判断过程失误和行动操作过程失误。根据理论分析结论并结合结构方程研究方法,确定用于结构方程模型的外生潜变量为生活事件、认知评价和应对,内生潜变量为心理压力、生理机能、心理机能、感知过程失误、识别判断过程失误和行动操作过程失误。

4.1.1.2　研究假设

根据第 3 章理论分析的研究结论,生活事件与心理压力之间存在因果关系,生活事件是导致心理压力产生的自变量,心理压力是因变量。当煤矿工人在遭受生活事件刺激时,其情绪波动,为摆脱生活事件对其带来的改变,煤矿工人会作出自我调整并采取应对措施,以缓解生活事件给其带来的不适,努力恢复心理平衡,如果个体努力失败将导致心理压力加大。煤矿工人所遭受的生活事件对其改变程度越大、精神影响程度越大、影响时间越长,所导致的心理压力越大。煤矿工人所遭受的生活事件越多,所导致的心理压力也就越大。因此,本书提出如下假设:生活事件对心理压力有显著的正向影响(H1)。

当遭受生活事件刺激时,煤矿工人首先以个体的个性心理特征、社会支持系统和个人能力等认知特征为基础对生活事件的性质、改变程度、精神影响程度作出初级评价,判断该生活事件是否与自己有关、是否对自身构成威胁,如果该生活事件与自身无关或者无威胁,将不产生心理压力。经过初级评价,如果该生活事件对自身构成一定的威胁,则煤矿工人根据认知特征作出次级评价,判断自身资源与能力能否解决该生活事件所带来的威胁。如果煤矿工人经过次级评价能够解决生活事件所带来的问题,则采取问题取向应对方式,若应对成功将不会产生心理压力,若应对失败将采取情绪取向应对。如果煤矿工人经过次级评价无法解决生活事件所带来的问题,则采取情绪取向应对,若应对成功,心理恢复平衡,心理压力消失;若应对失败,个体面对境遇束手无策,将导致心理压力产生。煤矿工人在对生活事件认知评价过程中,所持有的认知态度越客观、社会支持系统越好、解决问题的能力越强,所导致的心理压力越小。煤矿工人在对生活事件应对过程中,应对措施越合理、问题解决程度越大、个体适应性越强和心理恢复程度越大所导致的心理压力越小。因此,本书提出如下假设:认知评价对心理压力有显著的负向影响(H2);应对对心理压力有显著的负向影响(H3)。

受心理压力影响,煤矿工人会产生生理和心理等压力反应。在煤矿工人心理反应过程中,心理压力越大,情绪反应越剧烈,导致其注意力越分散、意识觉醒水平越低、意志力越低、工作意欲越低、感知觉能力越低、记忆能力越低和思维能力越低。因此,心理压力越大,煤矿工人的心理机能状态越差,感知过程失误率越高,识别判断过程失误率越高。在煤矿工人生理反应过程中,心理压力越大,生理反应越剧烈,生理反应所消耗的精力和体力越多,躯体也越僵化,导致其体力下降程度越大、耐力下降程度越大和操作能力越低。因此,心理压力越大,煤矿工人的生理机能状态越差,行动操作过程失误率越高。因此,本书提出如下假设:心理压力对心理机能有显著的负向影响(H4);心理压力对生理机能有显著的负向影响(H5);心理压力对感知过程失误有显著的正向影响(H6);心理压力对识别判断过程失误有显著的正向影响(H7);心理压力对行为操作过程失误有显著的正向影响(H8)。

煤矿工人感知能力越低,导致其感知过程失误率越高;记忆能力和思维能力越低,导致其识别判断过程失误率越高。煤矿工人心理机能状态越差,导致其感知过程失误率和识别判断过程失误率越高。因此,本书提出如下假设:心理机能对感知过程失误有显著的负向影响(H9);心理机能对识别判断过程失误有显著的负向影响(H10);心理机能对行动操作过程失误有显著的负向影响(H11)。

煤矿工人生理机能状态越差,其体力、耐力下降程度越大和操作能力越低,而在作业过程中感知过程和识别判断过程需要体力和耐力为支撑,因此,煤矿工人的体力和耐力下降程度越大,感知过程失误率和识别判断过程失误率越高。因此,本书提出如下假设:生理机能对感知过程失误有显著的负向影响(H12);生理机能对识别判断过程失误有显著的负向影响(H13);生理机能对行动操作过程失误有显著的负向影响(H14)。

根据人行为机理,煤矿工人作业中将不断地重复"感知-判断-操作"过程,感知过程失误将导致识别判断过程失误,识别判断过程失误将导致行动操作过程失误,而人因失误将最终体现在行动操作失误。因此,本书提出如下假设:感知过程对识别判断过程有显著的正向影响(H15);识别判断过程对行动操作过程有显著的正向影响(H16)。

4.1.1.3　结构模型初步设定

基于生活事件视角下煤矿事故中人因失误致因机理的理论分析结论,生活事件是导致人因失误的客观因素,认知评价和应对是导致人因失误的主观因素,结合结构方程模型研究方法,生活事件、认知评价和应对在结构方程模型中不受其他变量影响,并对其他变量产生影响,因此,生活事件、认知评价和应对为外生潜变量;心理压力、生理机能、心理机能、感知过程失误、识别判断过程失误和行动操作过程失误在结构方程模型中受其他变量影响,因此,心理压力、生理机能、心理机能、感知过程失误、识别判断过程失误和行动操作过程失误为内生潜变量。根据本书提出的16条研究假设,初步确定了各潜变量之间的作用路径,从而完成LPIH结构模型的初步设定,如图4-2所示。

4.1.2　结构方程模型识别方法设计

在完成LPIH结构模型初步设定后,需通过确定各潜变量的观测变量实现对结构方程模型潜变量的测量和识别。

4.1.2.1　观测变量的确定方法

本书主要采用调查问卷法获取用于结构方程模型各个潜变量的观测变量。

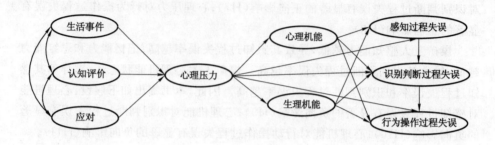

图 4-2　LPIH 结构模型初步设定

调查问卷法是实证研究中广泛采用的一种方法,根据调查目的设计调查问卷的具体内容,从而获取相应的调研数据。问卷调查的一般程序是:设计调查问卷、选择调查对象、分发问卷、回收和审查问卷。调查问卷设计的质量是影响调查问卷法获取调查数据质量的关键。

本书广泛借鉴了认知心理学、人因失误理论等相关理论,结合我国煤矿工人的特点,应用调查问卷法对潜变量生活事件、认知评价、应对、心理压力、心理机能、生理机能、感知过程失误、识别判断过程失误和行动操作过程失误的观测变量进行设计。

① 生活事件

根据第 3 章煤矿工人生活事件的概念界定,煤矿工人生活事件的特征向量为"精神影响程度"、"改变程度"、"作用时间"。本书在针对生活事件调查中,从生活事件对个体的改变程度、精神影响程度及作用时间长度等三个方面设计相应的问题。

② 认知评价

根据第 3 章认知评价的概念界定,煤矿工人认知评价的特征向量包括"认知态度"、"社会支持系统"和"解决问题的能力"。因此,本书在针对认知评价调查中,从煤矿工人的社会支持系统、解决问题的能力、解决问题的态度等三个方面设计相应的问题。

③ 应对

根据第 3 章应对的内涵界定,煤矿工人应对的特征向量包括"合理性程度"、"问题解决程度"、"个体适应性程度"和"心理恢复程度"。因此,本书在针对应对调查中,从煤矿工人应对的合理性程度、问题解决程度、个体适应性程度、心理恢复程度等四个方面设计相应的问题。

④ 心理压力

根据第 3 章煤矿工人心理压力的内涵界定,煤矿工人心理压力的特征向量为"情绪紊乱程度"、"认知紊乱程度"、"生理紊乱程度"和"行为紊乱程度"。因此,本书在针对心理压力调查中,从煤矿工人情绪、认知、身体机能及行为紊乱程度等四个方面设计相应的问题。

⑤ 心理机能

根据第3章煤矿工人心理机能的内涵界定,煤矿工人心理机能的特征向量为"工作意欲"、"工作责任感"、"注意力"、"意识觉醒水平"、"意志力"、"感觉能力"、"知觉能力"、"记忆能力"和"思维能力"。因此,本书在针对心理机能调查中,从工人注意力、意志力、意识觉醒水平、工作意欲、工作责任感、感知觉能力、记忆能力及思维判断能力等方面设计相应的问题。

⑥ 生理机能

根据第3章煤矿工人生理机能的内涵界定,煤矿工人生理机能的特征向量为"基本生理指标"、"体力"、"耐力"和"行动操作能力"。因此,本书在针对生理机能调查中,从煤矿工人基本生理指标、行动操作能力、体力、耐力等方面设计相应的问题。

⑦ 感知过程失误

根据第3章煤矿工人感知过程失误的内涵界定,煤矿工人感知过程失误的特征向量为信息获取的"及时性"、"准确性"和"全面性"。因此,本书在针对感知过程失误调查中,从外界信息获取的及时性、准确性、全面性等三个方面设计相应的问题。

⑧ 识别判断过程失误

根据第3章煤矿工人识别判断过程失误的内涵界定,煤矿工人识别判断过程失误的特征向量为"记忆信息获取的及时性"、"记忆信息获取的准确性"、"综合判断的及时性"和"综合判断的正确性"等。因此,本书在针对识别判断过程失误调查中,从记忆信息获取的及时性、准确性和综合判断的及时性、正确性等四个方面设计相应的问题。

⑨ 行动操作过程失误

根据第3章煤矿工人行动操作过程失误的内涵界定,煤矿工人行动操作过程失误的特征向量为行动操作的"准确性"、"敏捷性"、"协调性"和"连续性"。因此,本书在针对行动操作过程失误调查中,从操作的准确性、敏捷性、协调性、连续性等四个方面设计相应的问题。

本书所设计的调查问卷中所有问项都采用5级 LIKERT 量表,数值"1"表示非常不同意,"3"表示中立,"5"表示非常同意。调查问卷共包括37个问项,生活事件视角下煤矿事故中人因失误致因机理调查具体内容见附录1。

4.1.2.2 观测变量效度分析方法

效度是问卷调查研究中最重要的特征,问卷调查的目的就是要获得高效度的测量与结论。效度越高表示该问卷测验的结果所代表要测验行为的真实度越高,越能够达到问卷测验目的,该问卷越正确有效。问卷的效度一般包括内容效度和结构效度。

(1) 内容效度

内容效度是指问卷内容的贴切性和代表性,即问卷内容能否反映所要测量的特质,能否达到测验目的,能否较好地代表所欲测量的内容和引起预期反应的程度。内容效度常以题目分布的合理性来判断,属于命题的逻辑分析。内容效度具有主观性质,虽然它不是量表效度的充分指标,却有助于量表分值的常识性解释。内容效度的评价主要通过经验判断进行,通常结合已有研究成果,通过专家访谈法征询题目所测量的是否真正属于应测量的领域、测验所包含的项目是否覆盖了应测量领域的各个方面等,以提高问卷的内容效度。为确保调查问卷的内容效度,从而实现对每个潜变量得到有效的测量和识别,本书从以下三个方面开展研究工作:

① 应用德尔斐法确定调查问卷题项。邀请了 11 位学者和现场专家(中国矿业大学管理学院从事煤矿安全管理研究和实践的教授、副教授 5 名,煤炭企业安监局及现场作业专家 6 名)对调查问卷的所有题项进行一一调查,经过四轮反馈,最终达成比较一致的看法,并对调查问卷的题项进行了有针对性的修改和完善,以确保调查问卷内容全面、有效。

② 进行预测试。本书选择中煤集团一线班组长培训班的 35 名学员展开预测试,并根据测试中出现的疑问进行现场解答,征询了被测者对于问卷的认知程度,并对问卷的陈述语言和题项进行分析,根据反馈的结果对问卷进行完善,以确保被调查者准确高效地完成调查问卷的填写工作。

③ 专家再次确认。调查问卷形成后再次邀请专家对问卷进行最终审阅,确认所有调查问卷的题项,并最终形成调查问卷。

(2) 结构效度

结构效度是指问卷对某一理论概念或特质测量的程度,即某问卷测验的实际得分能解释某一特质的程度。如果根据理论分析所提出的观测变量,并应用问卷调查法得到调查数据,经统计检验结果表明问卷能有效解释潜变量的该项特质,则说此问卷具有良好的结构效度。本书所测量和识别的 9 个潜变量是在理论分析结合专家访谈的基础上提出的,为了进一步明确观测变量的内部结构,并验证题项的合理性,本书利用探索性因子分析和验证性因子分析来检验问卷的结构效度。在应用探索性因子分析中,采用主成分因子分析方法,强制分成

9个主因子,采用方差最大化正交旋转,首先对问卷回收的38个题项数据做探索性因子分析,对各因子载荷小于校标值0.5的题项进行删除,并采用KMO检验和巴特利球形检验检测因子分析结果。KMO由下式求得:

$$KMO = \frac{\sum\sum\limits_{i \neq j} r_{ij}^2}{\sum\sum\limits_{i \neq j} r_{ij}^2 + \sum\sum\limits_{i \neq j} a_{ij}^2} \tag{4-1}$$

公式(4-1)中,r_{ij}为两变量间的简单相关系数,a_{ij}为两变量间的偏相关系数。KMO取值介于0～1之间,Kaiser认为$KMO > 0.9$,表示非常适合;$0.8 < KMO < 0.9$为适合;0.7以上尚可,0.6时效果很差;若KMO为0.5以下,则不适宜做因子分析[157]。

在采用验证性因子分析中,效度水平是通过模型的拟合优度指数和标准化因子负荷系数进行检验的。在样本数据与模型的拟合优度指数达到可接受的标准后,只有标准化因子负荷系数大于校标值0.5时,效度才通过检验[159]。

4.1.2.3 观测变量信度分析方法

信度主要是指问卷是否精准,是指测量效果是否具有一致性和稳定性,只有调查问卷具有较高的一致性指数,才能保证潜变量的度量符合信度要求。出于时间与成本考虑,无法对样本进行重复测试,因此本书主要检验样本数据的内部一致性。为了验证数据的内部一致性,评价潜变量度量的信度,本书将计算每个潜变量的题项-总体相关系数以及克朗巴哈α系数。克朗巴哈α系数的计算公式如公式(4-2)所示:

$$\alpha = \frac{n}{n-1}\left(1 - \frac{\sum\limits_{i=1}^{n} S_i^2}{S_X^2}\right) \tag{4-2}$$

公式(4-2)中,n为量表中题项的总数;S_i^2为第i题项得分的题内方差;S_X^2为全部题项总得分的方差。De Vellis认为,一份具有高信度的问卷量表,其信度系数α值最好在0.80以上,而分量表最好在0.70以上。若分量表的内部一致性系数在0.60以下或者总量表的信度系数0.80以下,应考虑重新修订量表或增删题项。题项-总体(Item to Total)的相关系数大于0.35,克朗巴哈α系数大于0.70,是样本数据的信度通过检验的最低限度。

4.1.3 结构方程模型估计方法设计

一个完整的结构方程模型包括测量模型和结构模型,测量模型描述的是潜在变量如何被对应的观察变量所测量或概念化;结构模型指的是潜在变量之间的关系。在完成生活事件视角下煤矿事故中人因失误致因机理结构方程模型识别后,通过调查问卷法获取数据确定各个潜变量的观测变量,也就构建出了结构方程模型的测量模型。在确定了潜变量之间的路径关系后,也就构建出了结构方程模型的结构模型。应用调查问卷所获取的数据,采用 Amos 17.0 软件工具对结构方程模型中的参数进行估计和求解,以完成结构方程模型估计。

测量模型由潜变量和观测变量构成。本书假设外生潜变量生活事件(ξ_1)有a个观测变量,分别为 X_1,$\cdots$,X_a;假设外生潜变量认知评价(ξ_2)有b个观测变量,分别为 X_{a+1},$\cdots$,X_{a+b};假设外生潜变量应对(ξ_3)有c个观测变量,分别为 X_{a+b+1},$\cdots$,X_{a+b+c};假设内生潜变量心理压力(η_1)有d个观测变量,分别为 Y_1,$\cdots$,Y_d;假设内生潜变量心理机能(η_2)有e个观测变量,分别为 Y_{d+1},$\cdots$,Y_{d+e};假设内生潜变量生理机能(η_3)有f个观测变量,分别为 Y_{d+e+1},$\cdots$,Y_{d+e+f};假设内生潜变量感知过程失误失误(η_4)有g个观测变量,分别为 $Y_{d+e+f+1}$,$\cdots$,$Y_{d+e+f+g}$;假设内生潜变量识别判断过程失误失误(η_5)有h个观测变量,分别为 $Y_{d+e+f+g+1}$,$\cdots$,$Y_{d+e+f+g+h}$;假设内生潜变量行动操作过程失误失误(η_6)有i个观测变量,分别为 $Y_{d+e+f+g+h+1}$,$\cdots$,$Y_{d+e+f+g+h+i}$。生活事件视角下煤矿事故中人因失误致因机理结构方程模型的测量模型如下:

$$X = \Lambda_x \xi + \delta \tag{4-3}$$

$$Y = \Lambda_y \eta + \varepsilon \tag{4-4}$$

公式(4-3)是外生潜变量的测量方程,X 是由($a+b+c$)个观测指标组成的($a+b+c$)$\times 1$ 向量,ξ 是由外生潜变量 ξ_1、ξ_2、ξ_3 组成的 3×1 向量,Λ_x 是 X_i 在 ξ 上的($a+b+c$)$\times 3$ 因子负荷矩阵,δ 是由($a+b+c$)个测量误差组成的($a+b+c$)$\times 1$ 向量。

公式(4-4)是内生潜变量的测量方程,Y 是由($d+e+f+g+h+i$)个观测指标组成的($d+e+f+g+h+i$)$\times 1$ 向量,ε 是由内生潜变量 η_1、η_2、η_3、η_4、η_5 和 η_6 组成的 6×1 向量,Λ_y 是 Y_i 在 ε 上的($d+e+f+g+h+i$)$\times 6$ 因子负荷矩阵,ε 是由($d+e+f+g+h+i$)个测量误差组成的($d+e+f+g+h+i$)$\times 1$ 向量。

结构模型是潜在变量间因果关系的说明。根据初步设定的结构方程模型确定的潜变量 ξ_1、ξ_2、ξ_3、η_1、η_2、η_3、η_4、η_5、η_6 之间的路径关系,可得该模型的结构模型公式:

$$\eta = B\eta + \Gamma\xi + \zeta \tag{4-5}$$

公式(4-5)中,B 是 6×6 系数矩阵,描述了内生潜变量 η_1、η_2、η_3、η_4、η_5、η_6 之间的彼此影响;Γ 是 6×3 系数矩阵,描述了外源潜变量 ξ_1、ξ_2、ξ_3 对内生潜变量 η_1、η_2、η_3、η_4、η_5、η_6 的影响;ζ 是 6×1 残差向量。

通过上述参数假设获得生活事件视角下煤矿事故中人因失误致因机理的测量模型和结构模型,从而确定结构方程模型,如图 4-3 所示。

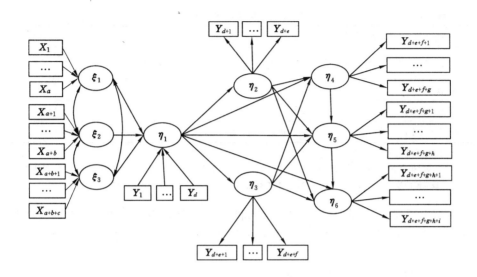

图 4-3 LPIH 测量模型与结构模型

4.2.3 结构方程模型评价方法设计

结构方程模型中的参数被估计之后,需应用模型适配度检验方法对模型进行适配度评估,以检验模型对样本观测值的拟合程度。适配度指标用来评价假设的路径分析模型图与搜集的数据是否相互适配,即假设的理论模型与实际数据的一致性程度。如果模型拟合度不理想,表示假设模型可能存在某些问题,可以应用模型修饰的原则,调整假设模型的参数估计内容,重新估计直到模型适配度达到理想的水平。

模型适配度检验方法包括卡方检验和模型适配度指数检验法。若卡方值达到显著水平,代表模型拟合度不佳;反之,若卡方值未达到显著水平,说明模型拟合度良好。当样本量增加时,卡方值自然增加,无关乎模型本身的优劣,因此卡方值检验存在一定的局限性。本书采用卡方自由度比进行模型检验,卡方自由度比越小,表示模型适配度越高;反之,模型拟合度越差。一般而言,卡方自由度比小于 2 时,表示模型具有理想的适配度。

Hu 和 Bentler 指出模型适配度指数检验法的适配度指标选择标准为:基于最大似然估计法,使用 RMR 与 TLI、BL89、CFI、Gamma Hat、Mc、RMSEA 指数中的一个来检验模型[159]。因此,本书采用 RMR、TLI、CFI 和 RMSEA 指标检验模型拟合优度。表 4-1 列出了模型适配度指标名称、英文缩写、计算公式及理想值。

表 4-1　　　　　　　　　　　　　结构方程模型适配度指标

指标名称	指标缩写	计算公式	理想值
残差均方和平方根	RMR	$RMR = \left[2\sum_{i=1}^{n}\sum_{j=1}^{i}\dfrac{(S_{ij}-\sigma_{ij})^2}{n(n+1)} \right]^{1/2}$	<0.05
比较适配指数	CFI	$CFI = 1 - \max(CHI_T - df_T, 0)/\max(CHI_T - df_T, CHI_N - df_N, 0)$	>0.9
非规范拟合指数	TLI	$TLI = (CHI_N/df_N - CHI_T/df_T)/(CHI_N/df_N - 1)$	>0.9
近似误差均方根	RMSEA	$RMSEA = \mathrm{SQRT}\{\max[(CHI_T - df_T)/(N-1), 0]/df_T\}$	<0.05

注：N 是样本容量；P 是观测变量个数；$CHI = x^2$，它等于拟合函数的极小值的 $(N-1)$ 倍；df 表示自由度；CHI_N 和 df_N 分别表示拟合虚模型得到的 CHI 和自由度；CHI_T 和 df_T 分别表示拟合待检验的理论模型得到的 CHI 和自由度；MAX 是最大值函数，$SQRT$ 是平方根函数；S_{ij} 是样本相关系数；σ_{ij} 是由模型再生的相关系数的估计。

综上所述，本书采用卡方自由度比和 RMR、TLI、CFI、RMSEA 指标检验生活事件视角下煤矿事故中人因失误致因机理结构方程模型的拟合优度。

4.2　结构方程模型识别

4.2.1　数据收集

本书通过问卷调查法收集用于结构方程模型识别的基础数据。问卷调查以开滦集团、铁法能源公司、平朔集团、平煤神马集团、淮北矿业集团等煤矿工人为调查对象，对煤矿工人一年以来所遭受生活事件情况、认知评价、应对情况、心理压力、心理机能、生理机能、感知过程失误、识别判断过程失误和行动操作过程失误情况进行调查。在煤矿工人升井后开班后会时发放调查问卷，由于问卷设计个人隐私问题，在发放问卷前首先向煤矿工人进行了解释和声明，问卷所获得的数据仅用于学术研究，并承诺对其进行保密。为了降低因煤矿工人对调查问卷题项理解得不准确而给数据信度和效度带来的负面影响，在发放调查问卷过程中向煤矿工人进行题项解释并在填写调查问卷过程中进行现场解答。

Nunnally 提出应用结构方程模型方法所收集的样本数量应该达到观测指标数量的十倍以上，统计结果才能比较科学。本书中共包括 9 个潜变量，37 个观测变量。根据 Nunnally 的建议，样本的最小数量为 370 个。

本次调查共发放问卷 500 份，回收问卷 458 份，回收率为 91.6%，其中有效问卷 413 份，有效回收率为 82.6%。样本数量符合结构方程模型方法要求。

4.2.2　描述性统计

本次问卷调查对象主要是针对我国主要煤炭产地的大型国有煤矿一线工

人,从调查的区域分布来看,本次调查主要分布在东北、华北、华中、华东及西北等地区。针对413分有效问卷调查的描述性统计分析见表4-2。

表 4-2　　　　　　　　　　　调查问卷描述性分析

企业名称	地域分布	样本数	所占百分比/%	累计百分比/%
铁法能源公司	东北	76	18.40	18.40
开滦集团	华北	82	19.85	38.25
平煤神马集团	华中	87	21.07	59.32
淮北矿业集团	华东	79	19.13	78.45
平朔集团	西北	89	21.55	100.00

利用 SPSS 统计软件对外源变量的各个指标的观测值进行描述性统计分析,具体包括样本数量、均值和标准差。对调查问卷进行描述性统计分析结果汇总见表4-3。

表 4-3　　　　　　　　　　　观测变量的描述性统计分析结果

变量	变量指标	指标均值	指标标准偏差	变量均值	变量标准偏差
生活事件	A1	4.317	0.594	4.138	0.874
	A2	3.742	0.572		
	A3	4.545	0.477		
认知评价	B1	2.615	0.573	2.846	0.793
	B2	2.117	0.661		
	B3	3.126	0.532		
应对	C1	2.853	0.486	3.001	0.932
	C2	3.126	0.582		
	C3	2.764	0.591		
	C4	3.258	0.553		
心理压力	D1	3.951	0.612	4.075	0.673
	D2	4.162	0.603		
	D3	3.869	0.534		
	D4	4.317	0.487		

变量	变量指标	指标均值	指标标准偏差	变量均值	变量标准偏差
心理机能	E1	2.874	0.682	2.651	1.027
	E2	2.951	0.514		
	E3	2.683	0.523		
	E4	2.317	0.589		
	E5	2.751	0.632		
	E6	2.488	0.487		
	E7	2.501	0.538		
	E8	2.643	0.562		
生理机能	F1	2.863	0.621	3.080	0.721
	F2	3.011	0.592		
	F3	3.115	0.563		
	F4	3.329	0.547		
感知过程失误	G1	4.129	0.613	3.855	0.934
	G2	3.682	0.634		
	G3	3.754	0.559		
识别判断过程失误	H1	3.875	0.572	3.919	0.896
	H2	4.254	0.587		
	H3	3.68	0.661		
	H4	3.867	0.608		
行动操作过程失误	I1	3.957	0.524	4.158	1.037
	I2	3.986	0.591		
	I3	4.278	0.606		
	I4	4.112	0.537		

4.2.3 效度与信度检验

4.2.3.1 效度分析

（1）探索性因子分析

探索性因子分析主要用于探索因子结构，本书针对样本数据应用 SPSS 19.0 工具进行探索性因子分析，进一步明确潜变量与观测变量的关系。分析结果表明 KMO 为 0.867,并通过马特利球形检验($p<0.000$),由此可见,样本数据符合因子分析的要求。然后采用主成分分析法,根据设计思路强制分成 9 个主因子,采用方差最大化正交旋转,对样本数据进行探索性因子分析,分析结果如表 4-4 所示。

表 4-4　　　　　　　　　　　总方差解释率表

因子	初始特征根			被提取的载荷平方和			旋转的载荷平方和		
	特征值	解释变异数/%	累计变异数/%	特征值	解释变异数/%	累计变异数/%	旋转后特征值	解释变异数/%	旋转后累计/%
1	8.48	16.03	16.03	8.48	16.03	16.03	6.39	12.08	12.08
2	5.79	10.95	26.98	5.79	10.95	26.98	5.11	9.65	21.73
3	5.01	9.47	36.45	5.01	9.47	36.45	4.84	9.14	30.87
4	4.63	8.76	45.21	4.63	8.76	45.21	4.48	8.47	39.34
5	4.19	7.93	53.14	4.19	7.93	53.14	4.19	7.92	47.26
6	3.43	6.48	59.62	3.43	6.48	59.62	3.99	7.53	54.79
7	2.59	4.89	64.51	2.59	4.89	64.51	3.34	6.31	61.10
8	1.97	3.73	68.24	1.97	3.73	68.24	2.84	5.36	66.46
9	1.53	2.88	71.12	1.53	2.88	71.12	2.46	4.66	71.12

在通过 KMO 检验和巴特利球形检验的基础上,由表 4-4 分析结果可知,9个主因子对总方差的累计解释率达到 71.12%,其中"合理性程度"、"工作责任感"、"基本生理指标"在其主因子的因子负荷小于校标值 0.5,没有通过效度检验。因此,对没有通过效度检验的"合理性程度"、"工作责任感"和"基本生理指标"的题项进行删减,采用剩余的 34 个题项再一次做探索性因子分析。分析结果表明 KMO 值为 0.893,并通过巴特利球形检验($p<0.000$),由此可见,剩余的 34 个题项适合进行因子分析。采用 SPSS 19.0 方差最大化正交旋转处理方法的探索性因子分析(表 4-5),结果显示 9 个公共因子对总方差的累计解释率为81.89%,说明调查问卷数据效度可以接受。

(2)验证性因子分析

本书在利用探索性因子分析法分析所构建的量表后,应用 AMOS 17.0 结构方程软件对所有变量采用固定负荷法进行验证性因子分析,对衡量模式的各项参数进行估计。分析结果通过检定,p 值为 0.00,小于参考值(0.05),达到显著性水平,说明模型数据拟合较好。卡方值和自由度之比为 2.256,大于理想

表 4-5　　　　　　　　　　　　　　　**总方差解释率表**

因子	初始特征根			被提取的载荷平方和			旋转的载荷平方和		
	特征值	解释变异数/%	累计变异数/%	特征值	解释变异数/%	累计变异数/%	轴转后特征值	解释变异数/%	轴转后累计/%
1	8.30	19.31	19.31	8.30	19.31	19.31	6.18	14.38	14.38
2	5.19	12.07	31.38	5.19	12.07	31.38	4.91	11.43	25.81
3	4.83	11.25	42.63	4.83	11.25	42.63	4.30	10.01	35.82
4	4.39	10.22	52.85	4.39	10.22	52.85	4.12	9.60	45.42
5	3.94	9.16	62.02	3.94	9.16	62.02	4.02	9.37	54.79
6	3.11	7.23	69.24	3.11	7.23	69.24	3.59	8.35	63.14
7	2.32	5.40	74.64	2.32	5.40	74.64	3.16	7.36	70.50
8	1.75	4.07	78.71	1.75	4.07	78.71	2.74	6.37	76.86
9	1.37	3.18	81.89	1.37	3.18	81.89	2.16	5.03	81.89

值 2,小于 3,在可以被接受的范围之内;CFI 值为 0.892、TLI 值为 0.895,基本接近于理想值 0.9;RMR 值为 0.049、$RMSEA$ 值为 0.045,均达理想值,结构模型与观测的样本数据的拟合效果基本符合要求。潜变量生活事件、认知评价、应对、心理压力、心理机能、生理机能、感知过程失误、识别判断过程失误及行动操作过程失误的观测变量在其潜变量的因子负荷见表 4-6。

表 4-6　　　　　　**验证性因子分析各变量在测量项目上的因子负荷**

变量	变量指标	因子负荷
生活事件	改变程度	0.740
	精神影响程度	0.891
	作用时间	0.712
认知评价	社会支持系统	0.732
	解决问题的能力	0.801
	解决问题的态度	0.873
应对	问题解决程度	0.769
	个体适应性程度	0.842
	心理恢复程度	0.757

续表 4-6

变量	变量指标	因子负荷
心理压力	情绪紊乱程度	0.917
	认知紊乱程度	0.765
	身体机能紊乱程度	0.852
	行为紊乱程度	0.717
心理机能	注意力	0.835
	意志力	0.661
	意识觉醒水平	0.719
	工作意欲	0.672
	感知觉能力	0.855
	记忆能力	0.847
	思维判断能力	0.816
生理机能	行动操作能力	0.925
	体力	0.747
	耐力	0.795
感知过程失误	外界信息获取的及时性	0.811
	外界信息获取的准确性	0.752
	外界信息获取的全面性	0.808
识别判断过程失误	记忆信息获取的及时性	0.778
	记忆信息获取的准确性	0.862
	综合判断的及时性	0.822
	综合判断的正确性	0.790
行动操作过程失误	操作的准确性	0.752
	操作的敏捷性	0.825
	操作的协调性	0.736
	操作的连续性	0.773

一般认为,数据在做效度分析时因子负载大于 0.5 被认为是有效的,当所提出的因子对所研究变量的整体解释程度达到 30% 时就认为这些变量是有效的[160]。从表 4-6 可以看出,本书所有指标因子的因子负载都大于效度标准值 0.5,且总体解释率达到 81.89%,效度检验结果可接受。

4.2.3.2 信度分析

本书使用 SPSS 19.0 软件工具,采用克朗巴哈 α 系数法对生活事件、认知评价、应对、心理压力、心理机能、生理机能、感知过程失误、识别判断过程失误及行动操作过程失误等九个潜变量的数据量表进行信度分析,问卷的信度检验结果见表4-7。

表 4-7 量表的克朗巴哈 α 系数

因子	克朗巴哈 α 值	题项数目	量表克朗巴哈 α 值
生活事件	0.825	3	
认知评价	0.761	3	
应对	0.903	3	
心理压力	0.952	4	
心理机能	0.897	7	0.935
生理机能	0.916	3	
感知过程失误	0.861	3	
识别判断过程失误	0.857	4	
行动操作过程失误	0.783	4	

如表4-7所示,在样本信度检测中,各因子的克朗巴哈 α 值均在0.7以上,说明问卷具有较高的内部一致性,数据具信度较高,量表的整体克朗巴哈 α 值大于0.9,符合检验标准。因此,问卷信度符合要求。

4.3 模型设定与估计

4.3.1 结构方程模型设定

采用调查问卷法完成结构方程模型的识别后,本书确定了各潜变量的观测变量,其中外生潜变量生活事件(ξ_1)有3个观测变量,分别为 X_1、X_2、X_3;外生潜变量认知评价(ξ_2)有3个观测变量,分别为 X_4、X_5、X_6;外生潜变量应对(ξ_3)有3个观测变量,分别为 X_7、X_8、X_9;内生潜变量心理压力(η_1)有4个观测变量,分别为 Y_1,$\cdots$,Y_4;内生潜变量心理机能(η_2)有7个观测变量,分别为 Y_5,$\cdots$,Y_{11};内生潜变量生理机能(η_3)有3个观测变量,分别为 Y_{12},Y_{13},Y_{14};内生潜变量感知过程失误失误(η_4)有3个观测变量,分别为 Y_{15},Y_{16},Y_{17};内生潜变量识别判断过程失误失误(η_5)有4个观测变量,分别为 Y_{18},$\cdots$,Y_{21};内生潜变量行动操作过程失误失误(η_6)有4个观测变量,分别为 Y_{22},$\cdots$,Y_{25}。本书假设 $e_1 \sim e_{40}$ 为各变量的测量误差,其中 e_{35}、e_{36}、e_{37}、e_{38}、e_{39}、e_{40} 分别为 η_1、η_2、η_3、η_4、η_5、η_6 的测量误差。具体见表4-8。

表 4-8　　　　　　　　　　　　潜在变量和观测变量

潜变量	潜变量代码	观测变量	观测变量代码	测量误差
生活事件	ξ_1	改变程度	X_1	e_1
		精神影响程度	X_2	e_2
		作用时间	X_3	e_3
认知评价	ξ_2	社会支持系统	X_4	e_4
		解决问题的能力	X_5	e_5
		解决问题的态度	X_6	e_6
应对	ξ_3	问题解决程度	X_7	e_7
		个体适应性程度	X_8	e_8
		心理恢复程度	X_9	e_9
心理压力	η_1	情绪紊乱程度	Y_1	e_{10}
		认知紊乱程度	Y_2	e_{11}
		身体机能紊乱程度	Y_3	e_{12}
		行为紊乱程度	Y_4	e_{13}
心理机能	η_2	注意力	Y_5	e_{14}
		意志力	Y_6	e_{15}
		意识觉醒水平	Y_7	e_{16}
		工作意欲	Y_8	e_{17}
		感知觉能力	Y_9	e_{18}
		记忆能力	Y_{10}	e_{19}
		思维判断能力	Y_{11}	e_{20}
生理机能	η_3	操作能力	Y_{12}	e_{21}
		体力	Y_{13}	e_{22}
		耐力	Y_{14}	e_{23}
感知过程失误	η_4	外界信息获取的及时性	Y_{15}	e_{24}
		外界信息获取的准确性	Y_{16}	e_{25}
		外界信息获取的全面性	Y_{17}	e_{26}
识别判断过程失误	η_5	记忆信息获取的及时性	Y_{18}	e_{27}
		记忆信息获取的准确性	Y_{19}	e_{28}
		综合判断的及时性	Y_{20}	e_{29}
		综合判断的正确性	Y_{21}	e_{30}

续表 4-8

潜变量	潜变量代码	观测变量	观测变量代码	测量误差
行动操作过程失误	η^6	操作的准确性	Y_{22}	e_{31}
		操作的敏捷性	Y_{23}	e_{32}
		操作的协调性	Y_{24}	e_{33}
		操作的连续性	Y_{25}	e_{34}

在确定各潜变量的观测变量及潜变量路径关系的基础上，应用结构方程建模术语，构建出生活事件视角下煤矿事故中人因失误致因机理（LPIH）结构方程模型，如图 4-4 所示。

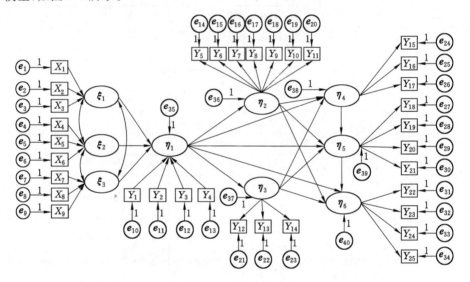

图 4-4　LPIH 结构方程模型

4.3.2　结构方程模型估计

本书应用调查问卷数据，运用 AMOS 17.0 结构方程软件对结构方程模型中的参数进行估计。首先运用调查问卷所得到的观测数据对潜变量进行拟合，获得 34 个观测变量分别在 9 个潜变量的因子负载，具体结果见表 4-9。

由表 4-9 可知，所有观测变量的因子负载均大于 0.5 的效标值，且 t 检验值均大于 1.96，通过 t 值检验。同时运用 AMOS 17.0 结构方程软件进行全模型拟合，获得结构方程模型中各个潜在变量之间的初始路径系数，初始路径系数及假设验证结果见表 4-10 所示。

表 4-9		因子负载		
变量	变量所含指标	因子负载	检验值 t
生活事件 ξ_1	改变程度(X_1)	0.756	12.514
	精神影响程度(X_2)	0.873	16.072
	作用时间长度(X_3)	0.721	9.136
认知评价 ξ_2	社会支持系统(X_4)	0.772	8.012
	解决问题的能力(X_5)	0.704	11.837
	解决问题的态度(X_6)	0.781	20.630
应对 ξ_3	问题解决程度(X_7)	0.722	9.112
	个体适应性程度(X_8)	0.728	10.437
	心理恢复程度(X_9)	0.931	18.015
心理压力 η_1	情绪紊乱程度(Y_1)	0.756	7.126
	认知紊乱程度(Y_2)	0.806	9.052
	身体机能紊乱程度(Y_3)	0.815	6.089
	行为紊乱程度(Y_4)	0.717	15.826
心理机能 η_2	注意力(Y_5)	0.913	12.203
	意志力(Y_6)	0.876	9.011
	意识觉醒水平(Y_7)	0.781	5.489
	工作意欲(Y_8)	0.753	20.712
	感知觉能力(Y_9)	0.784	10.438
	记忆能力(Y_{10})	0.835	9.113
	思维判断能力(Y_{11})	0.817	17.105
生理机能 η_3	操作能力(Y_{12})	0.924	21.927
	体力(Y_{13})	0.705	8.703
	耐力(Y_{14})	0.714	9.159
感知过程失误 η_4	外界信息获取的及时性(Y_{12})	0.883	14.236
	外界信息获取的准确性(Y_{13})	0.791	18.168
	外界信息获取的全面性(Y_{14})	0.847	10.749
识别判断过程失误 η_5	记忆信息获取的及时性(Y_{15})	0.736	13.282
	记忆信息获取的准确性(Y_{16})	0.793	7.925
	综合判断的及时性(Y_{17})	0.821	9.108
	综合判断的正确性(Y_{18})	0.797	16.357

续表 4-9

变量	变量所含指标	因子负载	检验值 t
行动操作过程失误 η_6	操作的准确性(Y_{19})	0.865	20.115
	操作的敏捷性(Y_{20})	0.706	13.079
	操作的协调性(Y_{21})	0.752	16.892
	操作的连续性(Y_{22})	0.813	11.528

表 4-10　　　　　　　　　　初始路径系数及假设验证结果

假设	路径系数	检验值 t	结果	假设	路径系数	检验值 t	结果
H1: $\xi_1 \rightarrow \eta_1$	0.728	9.723	成立	H9: $\eta_2 \rightarrow \eta_4$	−0.385	−11.237	成立
H2: $\xi_2 \rightarrow \eta_1$	−0.701	−10.471	成立	H10: $\eta_2 \rightarrow \eta_5$	−0.417	−9.802	成立
H3: $\xi_3 \rightarrow \eta_1$	−0.619	−7.145	成立	H11: $\eta_2 \rightarrow \eta_6$	−0.152	−1.172	不成立
H4: $\eta_1 \rightarrow \eta_2$	−0.502	−8.207	成立	H12: $\eta_3 \rightarrow \eta_4$	−0.182	−1.854	不成立
H5: $\eta_1 \rightarrow \eta_3$	−0.559	−10.897	成立	H13: $\eta_3 \rightarrow \eta_5$	−0.196	−1.773	不成立
H6: $\eta_1 \rightarrow \eta_4$	0.167	1.207	不成立	H14: $\eta_3 \rightarrow \eta_6$	−0.475	−12.089	成立
H7: $\eta_1 \rightarrow \eta_5$	0.182	1.823	不成立	H15: $\eta_4 \rightarrow \eta_5$	0.663	20.172	成立
H8: $\eta_1 \rightarrow \eta_6$	0.178	1.625	不成立	H16: $\eta_5 \rightarrow \eta_6$	0.608	14.017	成立

在显著性水平 $\alpha = 5\%$($t=1.96$)下对假设进行检验,路径系数和路径检验结果汇总于表 4-10 中。其中心理压力对感知过程失误、识别判断过程失误和行动操作过程失误之间结构参数的 t 值小于临界值 1.96,没有通过统计显著性检验,H6、H7 和 H8 假设不成立;心理机能对行动操作过程失误,生理机能对感知过程失误和识别判断过程失误的结构参数的 t 值均小于临界值 1.96,没有通过统计显著性检验,H11、H12 和 H13 假设不成立;其余 10 个结构参数的 t 值均大于 1.96,通过统计显著性检验,假设成立。

4.4　模型评价与修正

4.4.1　结构方程模型评价

根据本章结构方程模型研究方法设计的结论,在完成结构方程模型的参数估计之后,采用卡方自由度比、RMR、TLI、CFI 和 RMSEA 检验生活事件视角下煤矿事故中人因失误致因机理结构方程模型的拟合优度,拟合后的评价结果及其理想值汇总于表 4-11。

表 4-11   拟合优度

拟合优度指标	模型计算值	理想值	结果
P	0.169	>0.05	显著
$\chi^2/(df)$	2.161	<2	可以接受
RMR	0.048	<0.05	理想
CFI	0.897	>0.9	可以接受
TLI	0.885	>0.9	可以接受
$RMSEA$	0.046	<0.05	理想

由表 4-11 可知,卡方值和自由度之比 $\chi^2/(df)$ 为 2.161,大于理想值 2,小于 3,在可以被接受的范围之内,CFI、TLI 值基本接近与理想值,RMR 和 $RMSEA$ 的值均达理想值,虽然拟合结果可以接受,但结构方程模型还有待于进一步修正。

4.4.2 结构方程模型修正

由结构方程模型评价结果可以看出,虽然模型与数据的拟合优度可以接受,但模型的整体拟合优度不够理想,而且 η_1 对 η_2、η_1 对 η_3、η_2 对 η_4、η_2 对 η_5 及 η_3 对 η_6 的影响关系不够显著,而结构方程模型要求潜变量之间的路径关系尽可能显著,因此需对结构方程模型路径进行修正。由于假设 H6、H7、H8、H11、H12 和 H13 没有通过显著性检验,本书尝试逐一删除假设 H6、H7、H8、H11、H12 和 H13 路径,从而提出修正模型,以期能够得出更理想的结果。修正后的结构方程模型见图 4-5。

对修正模型的参数进行估计后发现修正后的结构方程模型与数据的拟合优度更好,初始模型和修正模型适配度指标对比值如表 4-12 所示。

表 4-12   初始理论模型与修正模型的整体适配度指标比较

指标	$\chi^2/(df)$	RMR	CFI	TLI	$RMSEA$
初始模型	2.161	0.048	0.897	0.885	0.046
修正模型	1.893	0.043	0.918	0.927	0.042

由表 4-12 可知,修正模型所有统计参数都满足 Bentler 评估标准,结构模型与观测的样本数据有较好的拟合效果,因而可以根据计算结果进行假设检验。

在显著性水平 $\alpha=5\%$($t=1.96$)下对假设进行检验,修正模型的路径系数

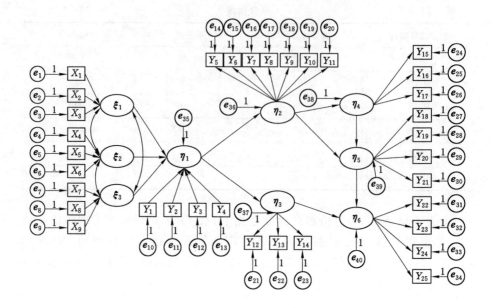

图 4-5　LPIH 结构方程修正模型

及假设检验结果汇总于表 4-13,10 个研究假设的结构参数 t 值均大于 1.96,通过统计显著性检验,假设成立。同时,修正模型潜变量 η_1 对 η_2、η_1 对 η_3、η_2 对 η_4、η_2 对 η_5 和 η_3 对 η_6 路径系数分别为 -0.674、-0.625、-0.689、-0.638、-0.656,较初始模型的路径系数 -0.502、-0.559、-0.385、-0.417、-0.475 绝对值有所提高,可见修正模型潜变量之间的影响关系更为显著。因此,本书将修正模型作为最终模型。

表 4-13　　　　　　　　　　修正模型路径系数及假设验证结果

假设	路径系数	检验值 t	结果	假设	路径系数	检验值 t	结果
H1:$\xi_1 \rightarrow \eta_1$	0.728	9.723	成立	H9:$\eta_2 \rightarrow \eta_4$	-0.689	-12.892	成立
H2:$\xi_2 \rightarrow \eta_1$	-0.701	-10.471	成立	H10:$\eta_2 \rightarrow \eta_5$	-0.638	-10.712	成立
H3:$\xi_3 \rightarrow \eta_1$	-0.619	-7.145	成立	H14:$\eta_3 \rightarrow \eta_6$	-0.656	-7.178	成立
H4:$\eta_1 \rightarrow \eta_2$	-0.674	-7.186	成立	H15:$\eta_4 \rightarrow \eta_5$	0.663	20.172	成立
H5:$\eta_1 \rightarrow \eta_3$	-0.625	-10.897	成立	H16:$\eta_5 \rightarrow \eta_6$	0.608	14.017	成立

4.5　研究结论分析

4.5.1　研究假设解释

本书在理论分析的基础上提出 16 条研究假设,采用调查问卷数据,运用结构方程法对结构方程模型进行拟合,对研究假设进行了实证分析。研究结果表明,本书提出的 16 条研究假设中有 6 条研究假设没有通过实证检验,分别为 H6、H7、H8、H11、H12 和 H13,其他 10 条研究假设均通过实证检验。对通过实证检验的 10 条研究假设分析解释如下:

(1)生活事件对心理压力有显著的正向影响,影响效应值为 0.728,研究假设 H1 成立。由此可知,煤矿工人所遭受的生活事件对其越重要、解决难度越大、作用时间越长,对其所导致的心理压力也就越大。

(2)认知评价对心理压力有显著的负向影响,影响效应值为－0.701,研究假设 H2 成立。由此可知,当遭受的生活事件后,煤矿工人社会支持系统越强大、解决问题的能力越强和态度越积极,对其所导致的心理压力也就越小。

(3)应对对心理压力有显著的负向影响,影响效应值为－0.619,研究假设 H3 成立。由此可知,当遭受到生活事件后,煤矿工人采取应对后,对问题解决程度越大、心理适应性越好和心理恢复的越平衡,对其导致的心理压力也就越小。

(4)心理压力对心理机能有显著的负向影响,影响效应值为－0.674,研究假设 H4 成立。由此可知,受生活事件影响,煤矿工人心理压力越大,其情绪反应和认知反应越剧烈、注意力越分散、意志力越低、意识觉醒水平越低、工作意欲越低、感知觉能力越低、记忆能力越低及思维判断能力越低,心理机能下降程度也就越大。

(5)心理压力对生理机能有显著的负向影响,影响效应值为－0.625,研究假设 H5 成立。由此可知,受生活事件影响,煤矿工人心理压力越大,生理反应越剧烈,导致其行动操作能力越低、体力越低、耐力越低,生理机能下降程度也就越大。

(6)心理机能对感知过程失误有显著的负向影响,影响效应值为－0.689,研究假设 H9 成立。由此可知,受心理压力影响,煤矿工人心理机能下降程度越大,其信息获取的及时性越差、信息获取的准确性和信息获取的全面性越差,感知过程失误率也就越高。

(7)心理机能对识别判断过程失误有显著的负向影响,影响效应值为

—0.638,研究假设 H10 成立。由此可知,受心理压力影响,煤矿工人心理机能下降程度越大,其记忆信息获取的及时性、准确性越差,综合判断的及时性越差和正确性越低,识别判断过程失误率也就越高。

(8)生理机能对行动操作过程失误有显著的负向影响,影响效应值为—0.656,研究假设 H14 成立。由此可知,受心理压力影响,煤矿工人生理机能下降程度越大,其行动操作的准确性、敏捷性、协调性和连续性越差,行动操作过程失误率也就越高。

(9)感知过程对识别判断过程有显著的正向影响,影响效应值为 0.663,研究假设 H15 成立。由此可知,煤矿工人从外界获取信息越及时、越准确和越全面,其综合判断越及时、越正确,即识别判断过程失误率越低。

(10)识别判断过程对行动操作过程有显著的正向影响,影响效应值为 0.608,研究假设 H16 成立。由此可知,煤矿工人记忆信息获取越及时和越准确,综合判断得越及时和越正确,其行动操作的准确性、敏捷性、协调性和连续性越高,即行动操作过程失误率越低。

基于生活事件对人因失误影响理论分析和实证分析结论,对于没有通过实证检验的 6 条研究假设的分析解释如下:

(1)心理压力对感知过程失误有显著的正向影响,t 值为 1.207,没有通过实证检验,研究假设 H6 不成立。从理论分析角度看,心理压力应该对感知过程失误有显著的正向影响,通过实证研究得出心理压力对感知过程失误有正向影响,但影响并不显著。通过实证分析还得出心理压力对心理机能有显著的负向影响,心理机能对感知过程失误有显著的负向影响,由此可以推理出心理压力通过中介变量心理机能对感知过程失误产生正向影响。

(2)心理压力对识别判断过程失误有显著的正向影响,t 值为 1.823,没有通过实证检验,研究假设 H7 不成立。从理论分析角度看,心理压力应该对识别判断过程失误有显著的正向影响,通过实证研究得出心理压力对识别判断过程失误有正向影响,但影响并不显著。而实证分析还得出心理压力对心理机能有显著的负向影响,心理机能对识别判断过程失误有显著的负向影响,由此可以推理出心理压力通过中介变量心理机能对识别判断过程失误产生正向影响。

(3)心理压力对行动操作过程失误有显著的正向影响,t 值为 1.625,没有通过实证检验,研究假设 H8 不成立。从理论分析角度看,心理压力应该对行动操作过程失误有显著的正向影响,通过实证研究得出心理压力对行动操作过程失误有正向影响,但影响并不显著。通过实证分析还得出心理压力对生理机能有显著的负向影响,生理机能对行动操作过程失误有显著的负向影响,由此可以推理出心理压力通过中介变量生理机能对行动操作过程失误产生正向影响。

（4）心理机能对行动操作过程失误有显著的负向影响，t 值为 -1.172，没有通过实证检验，研究假设 H11 不成立。从理论分析角度看，心理机能应该对行动操作过程失误有显著的负向影响，通过实证研究得出心理机能对行动操作过程失误有负向影响，但影响并不显著。通过实证分析还得出心理机能对心理机能对识别判断过程失误有显著的负向影响，识别判断过程对行动操作过程有显著的正向影响，由此可以推理出心理机能通过中介变量识别判断过程对行动操作过程失误产生正向影响。

（5）生理机能对感知过程失误有显著的负向影响，t 值为 -1.854，没有通过实证检验，研究假设 H12 不成立。从理论分析角度看，生理机能应该对感知过程过程失误有显著的负向影响，通过实证研究得出生理机能对感知过程失误有负向影响，但影响并不显著。由此可知，煤矿工人行动操作能力、体力和耐力对其信息获取的及时性、准确性和全面性有负向影响，但影响并不显著。

（6）生理机能对识别判断过程失误有显著的负向影响，t 值为 -1.773，没有通过实证检验，研究假设 H13 不成立。从理论分析角度看，生理机能应该对感知过程过程失误有显著的负向影响，通过实证研究得出生理机能对感知过程失误有负向影响，但影响并不显著。由此可知，煤矿工人行动操作能力、体力和耐力对其记忆信息获取的及时性和准确性、综合判断的及时性和正确性有负向影响，但影响并不显著。

4.5.2　路径分析

根据 LPIH 结构方程模型的实证检验及上述研究假设的实证分析，本书可以得出生活事件对人因失误致因路径有三条，分别为路径 A："生活事件—心理压力—心理机能—感知过程失误—识别判断过程失误—行动操作过程失误"；路径 B："生活事件—心理压力—心理机能—识别判断过程失误—行动操作过程失误"；路径 C："生活事件—心理压力—生理机能—行动操作过程失误"。生活事件对煤矿事故中人因失误致因路径如图 4-6 所示。

根据结构方程模型实证分析的路径系数，路径 A 的影响效应值为 $0.728 \times (-0.674) \times (-0.689) \times 0.663 \times 0.608 = 0.136\ 3$；路径 B 的影响效应值为 $0.728 \times (-0.674) \times (-0.638) \times 0.608 = 0.190\ 3$；路径 C 的影响效应值为 $0.728 \times (-0.625) \times (-0.656) = 0.298\ 5$。生活事件对人因失误总影响效应值为 $0.136\ 3 + 0.190\ 3 + 0.298\ 5 = 0.625\ 1$。

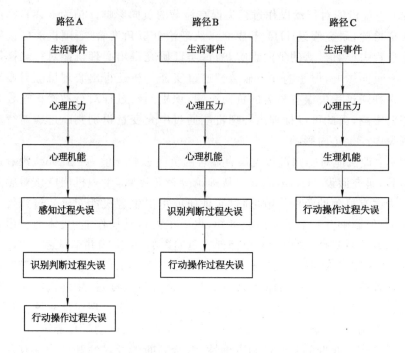

图 4-6　生活事件对煤矿事故中人因失误致因路径

4.6　本章小结

　　本章基于生活事件视角下煤矿事故中人因失误致因机理进行实证研究的需要,结合结构方程模型方法的特点,选择结构方程模型方法作为生活事件视角下煤矿事故中人因失误致因机理的实证研究方法。首先,根据本书的研究内容确定用于结构方程模型的外生潜变量(生活事件、认知评价、应对)和内生潜变量(心理压力、生理机能、心理机能、感知过程失误、识别判断过程失误、行动操作过程失误),基于理论分析结论提出 16 条研究假设,并确定各潜变量之间的路径关系,从而完成结构方程模型的设定工作。然后,采用调查问卷法获取各个潜变量的观测变量,通过确定各潜变量的观测变量实现对结构方程模型潜变量的测量和识别,并结合研究假设构建出 LPIH 结构方程模型的测量模型和结构模型,应用 AMOS 17.0 软件工具对模型中的参数求解。最后,应用模型适配度检验方法对模型进行适配度评估和模型修正,并最终获得 LPIH 结构方程模型和生活事件对煤矿事故中人因失误的致因路径。研究结果表明,生活事件对人因失误有显著的正向影响,其影响路径分别为"生活事件—心理压力—心理机能—感知过程失误—识别判断过程失误—行动操作过程失误"、"生活事件—心理压力—心理机能—识别判断过程失误—行动操作过程失误"和"生活事件—心理压力—生理机能—行动操作过程失误",生活事件对煤矿事故中人因失误总影响效应值为0.625 1。由此可见,生活事件对煤矿工人人因失误存在重要影响。

5 煤矿事故中人因失误阈值测度与情景分析

在厘清生活事件视角下煤矿事故中人因失误致因机理和确定致因路径的基础上,本书需确定哪些生活事件对煤矿事故中人因失误产生影响,并确定煤矿工人生活事件的影响强度和影响时间。需开发生活事件视角下煤矿事故中人因失误影响阈值测度方法,确定煤矿工人生活事件累积改变单位(LCCU)对人因失误影响的阈值。

本章首先确定煤矿工人生活事件条目,然后通过问卷调查法确定生活事件的改变单位和影响时间,从而构建出煤矿工人生活事件量表。在开发出煤矿工人生活事件量表的基础上,应用多元离散选择排序等方法确定不同人因失误率情况下LCCU的阈值,为煤炭企业科学筛选干预对象提供科学方法。

5.1 煤矿工人生活事件量表的开发

生活事件量表是测量心理压力的主要工具,也是定量研究生活事件对人因失误影响的基本前提。目前国内外生活事件量表很多,但结合煤矿工人群体特征所开发的煤矿工人生活事件量表研究不足,还有待于进一步开发。因此,本书开发出煤矿工人生活事件量表,以实现本书的研究目标。

5.1.1 生活事件量表开发的原则

开发具有良好信度和效度的煤矿工人生活事件量表是本书研究的关键。因此,在进行量表编制过程中必须遵从如下原则:

(1) 独立性原则。在煤矿工人生活事件量表开发过程中必须做到生活事件条目之间相互独立,不能出现条目之间相互交叉或重叠,每个条目都独立提供事件信息,互不包含。

(2) 全面性原则。在确保煤矿工人生活事件量表独立性的同时,力求生活事件量表条目的全面性,最大限度地涵盖煤矿工人生活事件的全部内容。如果生活事件条目有遗漏将导致本研究的效度下降。

(3) 准确性原则。煤矿工人生活事件量表的条目表述力求准确,每个条目表述清晰、简洁、易于煤矿工人理解,以提高问卷调查的效率和效果。

5.1.2　生活事件量表开发的技术路线

本书通过初级条目池构建、次级条目池构建、生活事件条目池建立、生活事件条目分析、量表信度与效度分析和生活事件量表确定等六步开发煤矿工人生活事件量表,煤矿工人生活事件量表开发技术路线如图 5-1 所示。

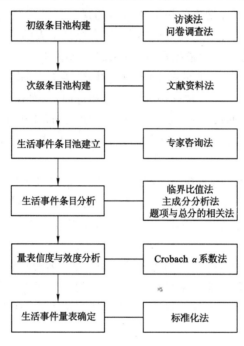

图 5-1　生活事件量表开发技术路线

（1）通过现场访谈法和开放式问卷调查法构建煤矿工人生活事件初始条目池。

（2）在构建煤矿工人生活事件初始条目池的基础上,逐条与国内成熟的生活事件量表进行比对和完善,从而形成煤矿工人生活事件次级条目池。

（3）在构建煤矿工人生活事件次级条目池的基础上,应用德尔斐专家咨询法构建煤矿工人生活事件条目池。

（4）应用临界比值法、题项与题项总分的相关法和主成分分析法对煤矿工人生活事件条目池中的条目进行分析和筛选,从而确定煤矿工人生活事件量表的条目。

（5）应用克朗巴哈 α 系数法和各分量表之间及分量表与总分的相关分析系数对调查问卷的信度和效度进行检验。

（6）通过上述煤矿工人生活事件量表的信度和效度检验，将生活事件分值转换为百分制，并按照生活事件改变单位值由高到低进行排序，最终得到煤矿工人生活事件量表。

5.1.3 生活事件条目池构建

煤矿工人生活事件量表的初始条目池的建立是开发生活事件量表的基础。本书根据已有生活事件量表为重要参考，结合煤矿工人的生活和工作特点，进行现场访谈，并以访谈结果为依据设计开放式"生活事件条目调查问卷"，具体问卷内容见附录2。本次调查以平煤集团、平朔集团、兖矿集团等一线煤矿工人为调查对象，在发放调查问卷同时进行现场解释和咨询，此次开放式问卷调查共收回问卷98份。问卷收回后，根据量表建立独立性、全面性和准确性的原则进行汇总整理，并删改语义含糊不清和重复的条目，对条目表达方式进行修改完善，建立起初级条目池。

通过参考张亚林、杨德森等编制的生活事件量表（LES）、张明园编制的生活事件量表和郑延平等编制的紧张性生活事件评定量表的研究成果，对通过开放式问卷调查所建立起的初级条目池逐条进行比对和完善，从而形成煤矿工人生活事件次级条目池。

在次级条目池的基础上采用德尔斐法，聘请7名现场管理人员和6名学者组成专家组对次级条目池的条目征询意见，经过三轮反馈，最终达成一致意见，最终形成煤矿工人生活事件条目池，该条目池共包含53项条目。具体内容见表5-1。

表 5-1　　　　　　　　　　　　煤矿工人生活事件条目池

代码	条目内容
E1	夫妻离婚
E2	丧偶
E3	直系亲属亡故
E4	个人体检查出严重疾病
E5	工作岗位调整导致工作困难
E6	夫妻感情破裂
E7	倒班导致夫妻生活障碍
E8	过量饮酒导致身体机能下降
E9	娱乐活动过度导致精力不支

代码	条目内容
E10	非直系亲属亡故
E11	直系亲属病重
E12	面临重要考试,学习困难
E13	绩效考核不理想
E14	倒班导致睡眠重大改变
E15	住宿环境恶劣
E16	工作过度劳累导致体力不支
E17	生病(发烧、感冒、牙痛等一般小病)
E18	非直系亲属病重
E19	直系亲属面临刑事处罚
E20	直系亲属离婚
E21	直系亲属的夫妻感情破裂
E22	领导调整无法适应
E23	遭遇恶劣的工作环境
E24	饮食条件恶劣
E25	意外事故导致财产损失
E26	投资失败导致财产损失
E27	重要物品遗失
E28	子女难于管教
E29	遭受恶劣天气
E30	子女学习困难
E31	与直系亲属发生纠纷
E32	个人或直系亲属面临恐吓
E33	本人名誉受损
E34	被亲友误会、错怪、诬告
E35	被上级严厉的批评
E36	遭受亲朋好友的鄙视和嘲讽
E37	介入法律纠纷
E38	面临严重的经济压力
E39	夫妻之间发生争执
E40	个人升职受挫

代码	条目内容
E41	遭受交通拥挤
E42	亲人不认同个人所作出的贡献或成就
E43	与非直系亲属发生纠纷
E44	收入显著下降
E45	好友亡故
E46	好友重病
E47	邻里之间发生纠纷
E48	与朋友发生严重纠纷
E49	和上级冲突
E50	严重差错或事故,面临行政处罚或罚款
E51	上当受骗
E52	工作量增加
E53	借款导致财产损失

5.1.4　生活事件条目分析与确定

在煤矿工人生活事件条目池的基础上,通过对生活事件条目的有效筛选,来确定生活事件条目。

5.1.4.1　生活事件条目调查方法

针对煤矿工人生活事件条目池的各个生活事件,从生活事件的影响程度、发生频次和对煤矿工人影响的持续时间设计"生活事件量表调查问卷",调查问卷见附录 3。生活事件的精神影响程度分为毫无影响、有些影响、一般影响、严重影响、极重影响等五级,分别记为 0、1、2、3、4 分。生活事件发生的频次分为极少发生、较少发生、偶尔发生、经常发生、总是发生等五级,分别记 1、2、3、4、5 分。由于煤矿工人对所遭遇生活事件的影响时间长度难以给出一个确定的数值,生活事件的影响时间根据个人记忆填写影响时间区间。

5.1.4.2　调查对象情况

本书以平煤集团、平朔集团和兖矿集团的掘进队、采煤队、机电队、运输队、通风队一线工人为调查对象,随机抽取 400 名一线工人为调查对象,发放 400 份煤矿工人生活事件量表调查问卷,共收回有效调查问卷 367 份,有效回收率为91.75%。

（1）按调查对象工种统计

按照工种统计分析,调查对象在掘进队占 21%;采煤队占 21%;机电队占 19%;运输队占 20%;通风队占 19%,如图 5-2 所示。

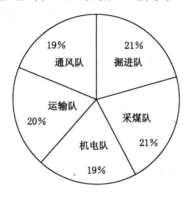

图 5-2　按工种情况统计

（2）按调查对象年龄统计

按照年龄统计分析,调查对象年龄在 20~30 岁占 15%,31~40 岁占 43%,41~50 岁占 29%,51~60 岁占 13%,如图 5-3 所示。

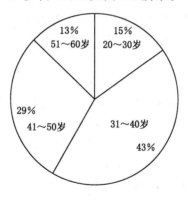

图 5-3　按年龄统计

（3）按调查对象婚姻情况统计

按照婚姻统计分析,调查对象已婚占 91%,未婚占 9%,如图 5-4 所示。

（4）按调查对象子女情况统计

按照是否有子女情况统计分析,调查对象有子女占 85%,无子女占 15%,如图 5-5 所示。

通过对调查对象的统计分析,本书以已婚且育有子女的煤矿工人为调查对象,并筛选出符合条件的调查问卷共计 310 份,作为生活事件条目分析的基础数

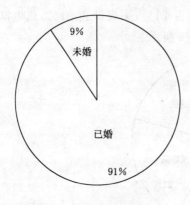

图 5-4　按婚姻情况统计　　　　　　图 5-5　按子女情况统计

据。对于所获得的调查问卷数据,应用 SPSS 19.0 软件进行统计分析,分别采用临界比值法、相关系数法、探索性因素分析法等对调查条目进行项目分析,最终获得煤矿工人生活事件条目。

5.1.4.3　生活事件条目分析

(1) 条目分析

本书采用临界比率法和题项与题项总分的相关法对煤矿工人生活事件条目进行分析,删除没有通过检验的生活事件条目,确定煤矿工人生活事件量表的条目。

① 临界比率法

首先选用临界比值(简称 CR 值)法进行项目分析来检验调查问卷的题项是否能够鉴别不同被调查者的反应程度。临界比值是将所有被调查者的问卷得分总和按高低顺序排列,得分前 27% 者为高分组,得分后 27% 者为低分组,算出高低两组被调查者每个题项得分的平均值,计算两者差异的显著性水平,即可得到该题项的 CR 值。如果 CR 值达到的显著水平小于 0.05,就表示该题项能够鉴别不同调查者的反应程度,在调查中有意义。本书应用临界比值法分析结果表明,"E22 领导调整无法适应"、"E36 遭受亲朋好友的鄙视和嘲讽"、"E42 亲人不认同个人所作出的贡献或成就"三项条目差异显著性检验的 CR 值大于 0.05,不能鉴别不同调查者的反应程度,应予以删除。其他条目的 CR 值达到的显著水平小于 0.05,即这些条目具有良好的鉴别力,无需删除。

② 题项与题项总分的相关法

本书应用题项与题项总分的相关法确定各题项条目的区分度,若使用相关系数表示区分度,相关系数总分不小于 0.3 才可以接受。本书采用 Pearson 相关法计算各题项与题项总分的相关系数,结果所有题项与总分相关的 P 值均达

0.000,题项与总分的相关结果见表5-2。根据检验标准相关系数在0~0.3之间属于弱相关,本书将相关系数小于0.3的题项予以删除,用此法删除的条目有"E15 住宿环境恶劣"、"E24 饮食条件恶劣"、"E29 遭受恶劣天气"、"E30 子女学习困难"、"E41 遭受交通拥挤"、"E52 工作量增加"等6项。

表 5-2　　　　　　　　　　项目与总分的相关结果(r)

题项	总分	题项	总分	题项	总分	题项	总分
E1	0.73	E15	0.27	E29	0.25	E43	0.44
E2	0.86	E16	0.49	E30	0.24	E44	0.52
E3	0.71	E17	0.53	E31	0.39	E45	0.56
E4	0.65	E18	0.65	E32	0.51	E46	0.61
E5	0.47	E19	0.72	E33	0.70	E47	0.43
E6	0.58	E20	0.48	E34	0.42	E48	0.60
E7	0.53	E21	0.51	E35	0.49	E49	0.71
E8	0.51	E22	0.57	E36	0.78	E50	0.62
E9	0.48	E23	0.43	E37	0.59	E51	0.47
E10	0.63	E24	0.24	E38	0.65	E52	0.19
E11	0.77	E25	0.61	E39	0.49	E53	0.65
E12	0.53	E26	0.55	E40	0.71		
E13	0.49	E27	0.57	E41	0.26		
E14	0.64	E28	0.61	E42	0.48		

经过对生活事件初始条目池的分析,删除的9项条目包括:E15、E22、E24、E29、E30、E36、E41、E42、E52,保留其他44项条目。

（2）探索性因子分析及结构分析

本书对保留的44项条目采用探索性因子分析法确定量表的条目并获得生活事件量表的结构效度。在采用因子分析时删除对量表因子贡献度相对较小的条目,并以较少的层面来表示原来的数据结构,根据变量之间的关系确定变量之间的结构关系,最终获得主成分。一般来讲在进行因子分析时,因子负荷小于0.5的题项应予以删除,所含题项数小于3个的因子也予以删除。经过分析,所有因子负荷值都大于效度标准值0.5,无需删除题项。本书应用44项条目进行因子分析,分析结果如下。

① KMO 检验和巴特利球形检验

KMO 检验是进行因子分析的先决条件,Kaiser 认为 $KMO>0.9$,表示非常适合;0.8＜KMO＜0.9 为适合;KMO 值在 0.7 以上尚可;为 0.6 时效果很差;若 KMO 值为 0.5 以下则不适宜做因子分析。KMO 值越大,表明表中变量间的共同因子愈多,越适合进行因子分析。因子分析显示本量表的 KMO 值为 0.835,大于临界值 0.7,说明此量表很适合进行因子分析。巴特利球形检验结果表明,因子值的显著性概率为 0.000,小于 0.001,说明适合进行因子分析。由此可见,量表符合因子分析要求。

② 主成分分析法

本书应用主成分分析法结合最大变异法进行正交转轴,依据特征值大于 1 的标准确定因子个数,最终得到 4 个因子,累计方差值为 82.6%。具体内容见表 5-3。

表 5-3　　　　　　　　　　　　整体解释的变异数

因子	初始特征值			提取的平方载荷			旋转的平方载荷		
	特征值	解释变异数/%	累计变异数/%	特征值	解释变异数/%	累计变异数/%	轴转后特征值	解释变异数/%	轴转后累计/%
1	13.04	35.67	35.67	13.04	35.67	35.67	9.62	26.31	26.31
2	8.24	22.53	58.20	8.24	22.53	58.20	7.75	21.20	47.51
3	6.18	16.90	75.09	6.18	16.90	75.09	7.07	19.34	66.85
4	2.75	7.51	82.60	2.75	7.51	82.60	5.76	15.75	82.60

从煤矿工人生活事件量表陡坡碎石图 5-6 显示情形来看,从第 5 个因子开始,坡度转为平坦,证实选取 4 个因子是较为适宜的。

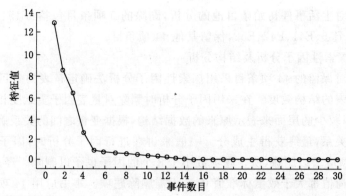

图 5-6　煤矿工人生活事件量表陡坡碎石图

③ 旋转后的因子矩阵结果

采用方差最大旋转后，旋转后的因子负荷矩阵(见表 5-4)显示四个代表性因子维度所包含的各个条目，依据每一因子维度所含条目的内容将其分别命名为生理需求、安全需求、社交需求、尊重需求等 4 个维度。量表维度及其条目分布见表 5-5。

表 5-4　　煤矿工人生活事件量表旋转后的因子矩阵

条　目	成　分			
	1	2	3	4
E2 丧偶	0.78	0.26	0.17	0.45
E1 夫妻离婚	0.77	0.37	0.09	0.42
E3 直系亲属亡故	0.75	0.35	0.32	0.32
E6 夫妻感情破裂	0.74	0.18	0.28	0.43
E11 直系亲属病重	0.72	0.13	0.07	0.01
E19 直系亲属面临刑事处罚	0.71	0.31	0.21	0.00
E28 子女难于管教	0.68	0.09	0.17	0.07
E39 夫妻之间发生争执	0.62	0.21	0.37	0.12
E10 非直系亲属亡故	0.61	0.11	0.08	0.09
E18 非直系亲属病重	0.59	0.17	0.06	0.06
E20 直系亲属离婚	0.57	0.21	0.17	0.04
E49 和上级冲突	0.55	0.32	0.31	0.00
E21 直系亲属的夫妻感情破裂	0.54	0.01	0.21	0.00
E45 好友亡故	0.53	0.02	0.06	0.01
E31 与直系亲属发生纠纷	0.51	0.09	0.02	0.21
E46 好友重病	0.50	0.12	0.04	0.03
E43 与非直系亲属发生纠纷	0.49	0.08	0.05	0.06
E48 与朋友发生严重纠纷	0.46	0.06	0.12	0.16
E47 邻里之间发生纠纷	0.45	0.23	0.08	0.07
E4 个人体检查出严重疾病	0.39	0.78	0.45	0.27
E37 介入法律纠纷	0.41	0.76	0.32	0.21
E32 个人或直系亲属面临恐吓威胁	0.35	0.74	0.37	0.29
E38 面临严重的经济压力	0.37	0.73	0.34	0.17
E44 收入显著下降	0.29	0.72	0.27	0.18

续表 5-4

条　目	成　分			
	1	2	3	4
E25 意外事故导致财产损失	0.21	0.70	0.15	0.21
E26 投资失败导致财产损失	0.23	0.69	0.18	0.27
E53 借款导致财产损失	0.22	0.65	0.21	0.12
E27 重要物品遗失	0.25	0.63	0.07	0.23
E8 过量饮酒导致身体机能下降	0.11	0.61	0.01	0.36
E9 娱乐活动过度导致精力不支	0.13	0.58	0.02	0.32
E16 工作过度劳累导致体力不支	0.01	0.57	0.08	0.35
E50 严重差错或事故,面临行政处罚或罚款	0.41	0.38	0.78	0.27
E35 被上级严厉的批评	0.32	0.41	0.74	0.12
E40 个人升职受挫	0.23	0.37	0.71	0.09
E33 本人名誉受损	0.22	0.25	0.66	0.15
E5 工作岗位调整导致工作困难	0.19	0.31	0.64	0.21
E12 面临重要考试,学习困难	0.20	0.32	0.60	0.26
E34 被亲友误会、错怪、诬告	0.11	0.11	0.57	0.06
E51 上当受骗	0.17	0.26	0.52	0.19
E13 绩效考核不理想	0.25	0.21	0.50	0.27
E17 生病	0.26	0.31	0.23	0.75
E7 倒班导致夫妻生活障碍	0.17	0.32	0.22	0.73
E14 倒班导致睡眠重大改变	0.01	0.07	0.17	0.68
E23 遭遇恶劣的工作环境	0.02	0.08	0.28	0.59

表 5-5　　　　　　　　煤矿工人生活事件量表维度及其条目分布

维度	条目数	条目分布
社交需求	19	E1、E2、E3、E6、E10、E11、E18、E19、E20、E21、E28、E31、E39、E43、E45、E46、E47、E48、E49
安全需求	12	E4、E8、E9、E16、E25、E26、E27、E32、E37、E38、E44、E53
尊重需求	9	E5、E12、E13、E33、E34、E35、E40、E50、E51
生理需求	4	E7、E14、E17、E23

　　因子 1 社会需求维度包含的条目有:"夫妻离婚"、"丧偶"、"夫妻感情破裂"、

"直系亲属亡故"、"非直系亲属亡故"、"直系亲属病重"、"非直系亲属病重"、"直系亲属面临刑事处罚"、"直系亲属离婚"、"直系亲属的夫妻感情破裂"、"子女难于管教"、"与直系亲属发生纠纷"、"与非直系亲属发生纠纷"、"夫妻之间发生争执"、"好友亡故"、"好友重病"、"邻里之间发生纠纷"、"与朋友发生严重纠纷"、"和上级冲突"等。

因子2安全需求维度包含的条目有："个人体检查出严重疾病"、"过量饮酒导致身体机能下降"、"娱乐活动过度导致精力不支"、"工作过度劳累导致体力不支"、"意外事故导致财产损失"、"投资失败导致财产损失"、"借款导致财产损失"、"重要物品遗失"、"介入法律纠纷"、"面临严重的经济压力"、"收入显著下降"等。

因子3尊重需求维度包含的条目有："工作岗位变动导致工作困难"、"面临重要考试,学习困难"、"个人升职受挫"、"本人名誉受损"、"被亲友误会、错怪、诬告"、"被上级严厉的批评"、"严重差错或事故,面临行政处罚或罚款"、"上当受骗"、"绩效考核不理想"等。

因子4生理需求维度包含的条目有："生病"、"倒班导致夫妻生活障碍"、"倒班导致睡眠重大改变"、"遭遇恶劣的工作环境"等。

5.1.4.4　生活事件条目确定

通过对上述生活事件条目分析,最终确定煤矿工人生活事件量表所含的44项条目,如表5-6所示。

表5-6　　　　　　　　　　煤矿工人生活事件条目

代码	条目内容
E1	夫妻离婚
E2	丧偶
E3	直系亲属亡故
E4	个人体检查出严重疾病
E5	工作岗位调整导致工作困难
E6	夫妻感情破裂
E7	倒班导致夫妻生活障碍
E8	过量饮酒导致身体机能下降
E9	娱乐活动过度导致精力不支
E10	非直系亲属亡故
E11	直系亲属病重
E12	面临重要考试,学习困难

代码	条目内容
E13	绩效考核不理想
E14	倒班导致睡眠重大改变
E16	工作过度劳累导致体力不支
E17	生病(发烧、感冒、牙痛等一般小病)
E18	非直系亲属病重
E19	直系亲属面临刑事处罚
E20	直系亲属离婚
E21	直系亲属的夫妻感情破裂
E23	遭遇恶劣的工作环境
E25	意外事故导致财产损失
E26	投资失败导致财产损失
E27	重要物品遗失
E28	子女难于管教
E31	与直系亲属发生纠纷
E32	个人或直系亲属面临恐吓
E33	本人名誉受损
E34	被亲友误会、错怪、诬告
E35	被上级严厉的批评
E37	介入法律纠纷
E38	面临严重的经济压力
E39	夫妻之间发生争执
E40	个人升职受挫
E43	与非直系亲属发生纠纷
E44	收入显著下降
E45	好友亡故
E46	好友重病
E47	邻里之间发生纠纷
E48	与朋友发生严重纠纷
E49	和上级冲突
E50	严重差错或事故,面临行政处罚或罚款
E51	上当受骗
E53	借款导致财产损失

5.1.5 生活事件量表信度与效度检验

5.1.5.1 信度检验

本书运用 SPSS 软件工具,采用克朗巴哈 α 系数法对调查问卷的信度进行分析和检验,克朗巴哈 α 系数越大,信度越高。学者 De Vellis 认为,一份具有高信度的问卷量表,其信度系数 α 的值最好在 0.80 以上,而分量表的值最好在 0.70 以上。若分量表的内部一致性系数在 0.60 以下或者总量表的信度系数在 0.80 以下,应考虑重新修订量表或增删题项。表 5-7 列出了本书所设计的各分量表的克朗巴哈 α 系数,各个值均大于 0.7,因此本书所编制的煤矿工人生活事件量表信度是符合要求的。

表 5-7　　　　　　　　　调查问卷的克朗巴哈 α 系数

因子	克朗巴哈 α 值	因子题目数	整体克朗巴哈 α 值
社交需求事件	0.926	19	
安全需求事件	0.873	12	0.925
尊重需求事件	0.806	9	
生理需求事件	0.768	4	

5.1.5.2 效度检验

本书采用结构效度作为量表效度检验的主要方法。统计测量学指出,结构效度检验可以通过各分量表与总量表的相关系数是否超过各分量表之间的相关系数进行检验。本书经过 Pearson 检验,分析结果见表 5-8。

表 5-8　　　　　　　各分量表之间及分量表与总分的相关分析系数

	社交需求事件	安全需求事件	尊重需求事件	生理需求事件
社交需求事件	0.84***			
安全需求事件	0.75***	0.79***		
尊重需求事件	0.69***	0.42***	0.82***	
生理需求事件	0.43***	0.61***	0.37***	0.76***

注:***表示在 1% 的显著性水平下统计显著。

由表 5-8 可知,各个分量表之间的相关系数都低于相应分量表与总量表的相关系数。由此可知,本书所设计的煤矿工人生活事件量表具有良好的结构效度,量表的效度符合要求。

5.1.6 煤矿工人生活事件量表确定

5.1.6.1 生活事件改变单位确定

通过对上述煤矿工人生活事件量表的信度和效度检验,确定了煤矿工人生活事件的条目。本书在借鉴成熟研究成果的基础上,应用生活事件改变单位(LCU)作为生活事件对煤矿工人影响的度量单位。LCU的计算公式为:精神影响程度×发生频次。本书以收回的 310 份煤矿工人生活事件量表调查问卷作为生活事件的影响时间基础数据,基于上述研究方法,应用 SPSS 19.0 进行统计分析,实现对生活事件改变单位的求值,并按照 LCU 值由高到低进行排序,最终得到煤矿工人生活事件量表的 LCU 值,如表 5-9 所示。

表 5-9   **矿工人生活事件量表 LCU 值**

序号	代码	生活事件	LCU 值
1	E2	丧偶	100
2	E1	夫妻离婚	91
3	E4	个人体检查出严重疾病	90
4	E3	直系亲属亡故	88
5	E6	夫妻感情破裂	85
6	E11	直系亲属病重	83
7	E19	直系亲属面临刑事处罚	80
8	E28	子女难于管教	78
9	E37	介入法律纠纷	75
10	E38	面临严重的经济压力	71
11	E49	和上级冲突	70
12	E20	直系亲属离婚	68
13	E32	个人或直系亲属面临恐吓	65
14	E44	收入显著下降	63
15	E40	个人升职受挫	62
16	E50	严重差错或事故,面临行政处罚或罚款	60
17	E35	被上级严厉的批评	58
18	E5	工作岗位调整导致工作困难	55
19	E33	本人名誉受损	54

序号	代码	生活事件	LCU 值
20	E25	意外事故导致财产损失	51
21	E26	投资失败导致财产损失	49
22	E53	借款导致财产损失	48
23	E12	面临重要考试,学习困难	46
24	E27	重要物品遗失	42
25	E39	夫妻之间发生争执	41
26	E51	上当受骗	40
27	E13	绩效考核不理想	39
28	E31	与直系亲属发生纠纷	37
29	E21	直系亲属夫妻之间感情破裂	36
30	E10	非直系亲属亡故	35
31	E18	非直系亲属病重	33
32	E34	被亲友误会、错怪、诬告	32
33	E45	好友亡故	30
34	E46	好友重病	29
35	E7	倒班导致夫妻生活障碍	28
36	E14	倒班导致睡眠重大改变	26
37	E23	遭遇恶劣的工作环境	25
38	E43	与非直系亲属发生纠纷	24
39	E48	与朋友发生严重纠纷	22
40	E47	邻里之间发生纠纷	21
41	E17	生病(发烧、感冒、牙痛等一般小病)	19
42	E8	过量饮酒导致身体机能下降	17
43	E9	娱乐活动过度导致精力不支	15
44	E16	工作过度劳累导致体力不支	12

5.1.6.2　生活事件影响时间确定

(1)研究方法设计

由于煤矿工人对所遭遇生活事件的影响时间长度难以给出一个确定的数值,只能大概给出一个影响时间区间,因此,本书采用集值统计法确定生活事件对个体的影响时间长度。一般来讲,煤矿工人给出的影响时间区间越小,该生活事件影响时间长度越准确,其所占的权重应该越大;如果煤矿工人给出的影响时间区间越大,该事件影响时间长度越模糊,其所占的权重应该越小。因此,本书将生活事件影响时间区间的大小作为该煤矿工人影响时间评估值权重的依据,设计加权集值统计算法确定生活事件对个体的影响时间长度。

本书以煤矿工人为调查对象,在生活事件量表调查问卷中调查生活事件对煤矿工人影响持续时间长度区间,应用加权集值统计法确定生活事件对煤矿工人影响持续时间长度。

本书假设生活事件量表工有 n 个生活事件条目,用集合 $C=\{c_1,c_2,\cdots,c_n\}$ 表示,共收集有效调查问卷数量为 K 个,对某一生活事件条目 $c_i(c_i\in C,i=1,2,\cdots,n)$ 的影响时间评分,相应的评价范围记为 ξ_i,第 $k(k=1,2,\cdots,K)$ 个样本给出的评价区间记为 $[r_{i1}^{(k)},r_{i2}^{(k)}]$,且 $[r_{i1}^{(k)},r_{i2}^{(k)}]\in\xi_i$。将这 K 个区间叠加,则形成覆盖在评价值轴 r 上的一个分布。按照经典集值统计理论,可用公式(5-1)描述:

$$\overline{Y}_{\xi_i}(r)=\frac{1}{k}\sum_{k=1}^{K}Y_{[r_{i1}^{(k)},r_{i2}^{(k)}]}(r) \tag{5-1}$$

虽然调查对象给出判断的一个范围是比较客观的选择,但是不同调查对象对同一问题所给出的判断范围不同,调查对象给出的判断范围越小,说明调查对象对问题的把握性越大;反之,则相反。由此可知调查对象对问题的把握性越大,该调查对象所分配的权重应该越大;反之,则相反。为此,本书根据调查对象给出的判断范围的大小确定第 k 个调查对象的权重,如公式(5-2)所示:

$$\omega_k=\frac{d_k}{\sum_{k=1}^{K}d_k} \tag{5-2}$$

$$d_k=\frac{1}{r_{i2}^{(k)}-r_{i1}^{(k)}} \tag{5-3}$$

根据公式(5-1)和公式(5-2)可得公式(5-4):

$$\overline{Y}_{\xi_i}(r)=\sum_{k=1}^{K}Y_{[r_{i1}^{(k)},r_{i2}^{(k)}]}(r)\cdot\overline{\omega}_k \tag{5-4}$$

式中,$Y_{[r_{i1}^{(k)},r_{i2}^{(k)}]}(r)=\begin{cases}1,r_{i1}^{(k)}\leqslant r\leqslant r_{i2}^{(k)}\\0,其他\end{cases}$,称 $Y_{[r_{i1}^{(k)},r_{i2}^{(k)}]}(r)$ 为落影函数。$\overline{Y}_{\xi_i}(r)$ 为模糊覆盖频率样本落影的估计函数,它是一个模糊的好坏程度,进一步可将其表示为:

$$\overline{Y}_{\xi_i}(r)=\begin{cases}a_1,r\in[b_1,b_2]\\a_2,r\in[b_2,b_3]\\\cdots\cdots\\a_L,r\in[b_L,b_{L+1}]\end{cases} \tag{5-5}$$

式中，$b_1, b_2, \cdots, b_L, b_{L+1}$ 为对 $\overline{Y}_{\xi_i}$ 各评估区间 $[r_{i1}^{(k)}, r_{i2}^{(k)}]$ 的端点从小到大排出的一个序列，L 为这一端点序列构成的区间个数，$a_l(l = 1, 2, \cdots, L)$ 为所有调查对象给出评价区间 $[r_{i1}^{(k)}, r_{i2}^{(k)}]$ 中包含区间 $[b_l, b_{l+1}](l = 1, 2, \cdots, L)$ 的调查对象的权重之和，即 $a_l = \sum_{k=1}^{K} Y_{[r_{k1}(ij), r_{k2}(ij)]}(r) \cdot \omega_k$，其中 $Y_{[r_{i1}^{(k)}, r_{i2}^{(k)}]}(r) = \begin{cases} 1, r \in [b_l, b_{l+1}] \in [r_{i1}^{(k)}, r_{i2}^{(k)}] \\ 0, 其他 \end{cases}$。

根据集值统计原理，生活事件条目 c_i 的量化评估值计算公式为：

$$E_i(r) = \frac{\int_{b_l}^{b_{l+1}} \overline{Y}_{\xi_i}(r) r \, dr}{\int_{b_l}^{b_{l+1}} \overline{Y}_{\xi_i}(r) \, dr} \tag{5-6}$$

通过上述分析可推导出公式(5-7)和公式(5-8)：

$$\int_{b_l}^{b_{l+1}} \overline{Y}_{\xi_i}(r) \, dr = \sum_{l=1}^{L} a_l(b_{l+1} - b_l) \tag{5-7}$$

$$\int_{b_l}^{b_{l+1}} \overline{Y}_{\xi_i}(r) r \, dr = \frac{1}{2} \sum_{l=1}^{L} a_l(b_{l+1}^2 - b_l^2) \tag{5-8}$$

由公式(5-7)和公式(5-8)可以推导出生活事件条目 c_i 的量化评估值计算公式：

$$E_i(r) = \frac{\sum_{l=1}^{L} a_l(b_{l+1}^2 - b_l^2)}{2 \sum_{l=1}^{L} a_l(b_{l+1} - b_l)} \tag{5-9}$$

由此可以确定第 K 个调查对象对第 i 个生活事件条目的量化评估值 $E_i(r)$，$[E_i(r) \in \xi_i]$。集值统计样本的方差越小越好，即每位调查对象的量化评估值愈接近 $E_i(r)$ 愈好。生活事件条目的样本方差计算公式如公式(5-10)所示：

$$D_i(r) = \frac{\int_{b_l}^{b_{l+1}} \overline{Y}(r) [r - E_i(r)]^2 \, dr}{\int_{b_l}^{b_{l+1}} \overline{Y}(r) \, dr} \tag{5-10}$$

可证：

$$\int_{b_l}^{b_{l+1}} \overline{Y}(r) [r - E_i(r)]^2 \, dr = \frac{1}{3} \sum_{l=1}^{L} a_l \{ [b_{l+1} - E_i(r)]^3 - [b_l - E_i(r)]^3 \} \tag{5-11}$$

将公式(5-7)和公式(5-11)代入公式(5-10)可得生活事件条目的样本方差计算公式：

$$D_i(r) = \frac{\frac{1}{3}\sum_{l=1}^{L}a_l\{[b_{l+1}-E_i(r)]^3-[b_l-E_i(r)]^3\}}{\sum_{l=1}^{L}a_l[b_{l+1}-b_l]} \tag{5-12}$$

则生活事件条目量化评估值的标准差 $S(r)$ 的计算公式为：

$$S(r) = \sqrt{D(r)} \tag{5-13}$$

$S(r)$ 越小，每位调查对象对 c_i 的量化评估结果越可靠，即评估值的可信度越大；反之 $S(r)$ 越大，则评估值的可信度越小。生活事件条目量化评估值信度计算公式为：

$$B_i = 1 - \frac{S(r)}{E(r)} \tag{5-14}$$

B_i 为所有调查对象对第 i 个生活事件条目量化评估值的信度，$B_i \in [0,1]$。当 $B_i \geqslant 0.9$ 时，则认为 c_i 的定量化评估值 $E_i(r)$ 具有较高的信度，即调查对象的评估值非常集中；当 $0.7 \leqslant B_i < 0.9$ 时，则认为 c_i 的定量化评估值 $E_i(r)$ 可以接受，亦即调查对象的评估值比较集中；当 $B_i < 0.7$ 时，则需重新调查。

（2）生活事件影响时间长度

本书以所收回的 310 份煤矿工人生活事件量表调查问卷中的生活事件影响时间为基础数据，基于上述研究方法，采用 Matlab 7.0 软件工具编程实现生活事件影响时间长度计算，计算结果如表 5-10 所示。

表 5-10　　　　　　　　　煤矿工人生活事件影响时间值

序号	代码	生活事件	影响时间长度/天	信度
1	E2	丧偶	327	0.695
2	E1	夫妻离婚	315	0.718
3	E4	个人体检查出严重疾病	298	0.677
4	E3	直系亲属亡故	261	0.818
5	E6	夫妻感情破裂	249	0.739
6	E11	直系亲属病重	183	0.889
7	E19	直系亲属面临刑事处罚	165	0.855
8	E28	子女难于管教	85	0.919
9	E37	介入法律纠纷	96	0.612
10	E38	面临严重的经济压力	61	0.922
11	E49	和上级冲突	32	0.897
12	E20	直系亲属离婚	176	0.774

序号	代码	生活事件	影响时间长度/天	信度
13	E32	个人或直系亲属面临恐吓	54	0.657
14	E44	收入显著下降	34	0.910
15	E40	个人升职受挫	36	0.805
16	E50	严重差错或事故,面临行政处罚或罚款	39	0.859
17	E35	被上级严厉的批评	26	0.918
18	E5	工作岗位调整导致工作困难	37	0.892
19	E33	本人名誉受损	21	0.907
20	E25	意外事故导致财产损失	42	0.824
21	E26	投资失败导致财产损失	43	0.881
22	E53	借款导致财产损失	39	0.867
23	E12	面临重要考试,学习困难	28	0.900
24	E27	重要物品遗失	22	0.879
25	E39	夫妻之间发生争执	9	0.942
26	E51	上当受骗	26	0.836
27	E13	绩效考核不理想	17	0.915
28	E31	与直系亲属发生纠纷	37	0.887
29	E21	直系亲属夫妻之间感情破裂	87	0.804
30	E10	非直系亲属亡故	16	0.868
31	E18	非直系亲属病重	7	0.891
32	E34	被亲友误会、错怪、诬告	9	0.872
33	E45	好友亡故	27	0.802
34	E46	好友重病	20	0.853
35	E7	倒班导致夫妻生活障碍	15	0.817
36	E14	倒班导致睡眠重大改变	10	0.852
37	E23	遭遇恶劣的工作环境	6	0.941
38	E43	与非直系亲属发生纠纷	9	0.901
39	E48	与朋友发生严重纠纷	9	0.927
40	E47	邻里之间发生纠纷	7	0.890
41	E17	生病(发烧、感冒、牙痛等一般小病)	5	0.943
42	E8	过量饮酒导致身体机能下降	4	0.921
43	E9	娱乐活动过度导致精力不支	3	0.907
44	E16	工作过度劳累导致体力不支	3	0.916

由表 5-10 可知,"E2 丧偶"、"E4 个人体检查出严重疾病"、"E37 介入法律纠纷"和"E32 个人或直系亲属面临恐吓"的信度值小于 0.7 的效标,其原因是调查对象中多数煤矿工人没有经历过上述生活事件,所给出的生活事件对其影响时间长度区间是主观评价值,需要对"E2 丧偶"、"E4 个人体检查出严重疾病"、"E37 介入法律纠纷"和"E32 个人或直系亲属面临恐吓"的影响时间进行重新调查。其他生活事件信度值大于 0.7,信度值是可以接受的。

本书在煤炭企业中分别寻找 10 位曾经经历"E2 丧偶"、"E4 个人体检查出严重疾病"、"E37 介入法律纠纷"和"E32 个人或直系亲属面临恐吓"生活事件的煤矿工人,有针对性地填写上述生活事件对其影响持续事件长度区间,并应用 Matlab 7.0 软件编程实现生活事件影响时间长度计算,计算结果如表 5-11 所示。

表 5-11　　　　　　　　　　　煤矿工人生活事件影响时间修正值

序号	代码	生活事件	影响时间长度/天	信度
1	E2	丧偶	349	0.736
2	E4	个人体检查出严重疾病	320	0.719
3	E37	介入法律纠纷	125	0.753
4	E32	个人或直系亲属面临恐吓	85	0.796

由表 5-11 可知,"E2 丧偶"、"E4 个人体检查出严重疾病"、"E37 介入法律纠纷"和"E32 个人或直系亲属面临恐吓"的信度值大于 0.7 的效标,信度值是可以接受的。

5.1.6.3　生活事件量表

通过确定煤矿工人生活事件改变单位值和生活事件影响时间,最终获得煤矿工人生活事件量表,该生活事件量表共包括 44 项生活事件,其中社交需求事件 19 项、安全需求事件 12 项、尊重需求事件 9 项和生理需求事件 4 项。每一项生活事件的改变单位值和影响时间值如表 5-12 所示。

表 5-12　　　　　　　　　　　煤矿工人生活事件量表

序号	代码	生活事件	LCU 值	影响时间长度/天
1	E2	丧偶	100	349
2	E1	夫妻离婚	91	315
3	E4	个人体检查出严重疾病	90	320
4	E3	直系亲属亡故	88	261

序号	代码	生活事件	LCU 值	影响时间长度/天
5	E6	夫妻感情破裂	85	249
6	E11	直系亲属病重	83	183
7	E19	直系亲属面临刑事处罚	80	165
8	E28	子女难于管教	78	85
9	E37	介入法律纠纷	75	125
10	E38	面临严重的经济压力	71	61
11	E49	和上级冲突	70	32
12	E20	直系亲属离婚	68	176
13	E32	个人或直系亲属面临恐吓	65	85
14	E44	收入显著下降	63	34
15	E40	个人升职受挫	62	36
16	E50	严重差错或事故,面临行政处罚或罚款	60	39
17	E35	被上级严厉的批评	58	26
18	E5	工作岗位调整导致工作困难	55	37
19	E33	本人名誉受损	54	21
20	E25	意外事故导致财产损失	51	42
21	E26	投资失败导致财产损失	49	43
22	E53	借款导致财产损失	48	39
23	E12	面临重要考试,学习困难	46	28
24	E27	重要物品遗失	42	22
25	E39	夫妻之间发生争执	41	9
26	E51	上当受骗	40	26
27	E13	绩效考核不理想	39	17
28	E31	与直系亲属发生纠纷	37	37
29	E21	直系亲属夫妻之间感情破裂	36	87
30	E10	非直系亲属亡故	35	16
31	E18	非直系亲属病重	33	7
32	E34	被亲友误会、错怪、诬告	32	9
33	E45	好友亡故	30	27
34	E46	好友重病	29	20
35	E7	倒班导致夫妻生活障碍	28	15

续表 5-12

序号	代码	生活事件	LCU 值	影响时间长度/天
36	E14	倒班导致睡眠重大改变	26	10
37	E23	遭遇恶劣的工作环境	25	6
38	E43	与非直系亲属发生纠纷	24	9
39	E48	与朋友发生严重纠纷	22	9
40	E47	邻里之间发生纠纷	21	7
41	E17	生病(发烧、感冒、牙痛等一般小病)	19	5
42	E8	过量饮酒导致身体机能下降	17	4
43	E9	娱乐活动过度导致精力不支	15	3
44	E16	工作过度劳累导致体力不支	12	3

5.2 生活事件对煤矿事故中人因失误影响阈值的测度

5.2.1 研究方法设计

5.2.1.1 调查方案设计

本书通过设计"生活事件对人因失误影响调查问卷"展开生活事件累积改变单位对人因失误率的影响情况。调查问卷的主要内容是以煤矿工人生活事件量表(表 5-12)为基础资料,填写个体一年内所遭遇的生活事件题项、发生的时间及人因失误率情况。以一线煤矿工人为调查对象,在其班后会时填写调查问卷。本书根据表中生活事件改变单位和所发生的时间计算累计生活事件改变单位值,并以此作为基础数据。调查项目表见表 5-13。

表 5-13 调查项目表

填写日期: 年 月 日

序号	生活事件代码	生活事件发生时间
1		
2		
...		
n		

人因失误率情况:非常低□,较低□,适中□,较高□,非常高□。

5.2.1.2　生活事件累积改变单位计算方法设计

生活事件累积改变单位(Life event Cumulative Change Unit,简称 LCCU)是通过统计煤矿工人一年内所遭遇的生活事件,并根据生活事件改变单位,汇总获得一年内煤矿工人生活事件累积改变单位数值。

以往关于 LCCU 值的计算都是将生活事件的 LCU 值作为一个固定值进行计算,尽管计算简便,但往往与实际并不相符。已发生的生活事件的 LCU 值并不是一成不变的,生活事件的 LCU 值将随着时间的推移进行衰减,而且各生活事件的 LCU 值衰减速度并不相同,为了简化计算,本书假设生活事件在其影响时间范围内 LCU 值均匀衰减至 0。本书根据煤矿工人生活事件的 LCU 值和生活事件影响时间长度,并通过问卷调查的方式获得煤矿工人一年内所遭遇的生活事件和发生时间,并根据公式(5-15)计算该生活事件在调查时间点的 LCU 值:

$$LCU(i') = \frac{(T_i - t) \times LCU(i)}{T_i} \qquad (5\text{-}15)$$

式中,$LCU(i')$ 为生活事件 i 在调查时间点的生活变化值;$LCU(i)$ 为生活事件 i 的初始生活变化值;T_i 为生活事件的影响时间长度;t 为从生活事件 i 发生时起至计算时刻的时间长度。

煤矿工人在一年内所遭遇的 LCCU 值计算如公式(5-16)所示:

$$LCCU = \sum_{i=1}^{n} LCU(i') \qquad (5\text{-}16)$$

式中,$LCCU$ 为生活事件累积改变单位值;$LCU(i')$ 为生活事件 i 的生活事件改变单位;n 为发生的生活事件的数量。

5.2.1.3　阈值确定方法

基于本书的目标和离散选择模型方法的特点,本书采用离散选择模型确定生活事件累积改变单位对人因失误影响的阈值。

(1) 模型简介

假设所获得的样本 $n(n=1,2,\cdots,N)$ 所对应的选项是被解释变量 Y_n,为离散数据,在排序模型中,作为被解释变量的观察值 Y_n 表示排序结果或者分类结果,其取值为整数,如 $0,1,2,3,\cdots$。在随机效用理论中,如果记样本 n 的效用为 U_n,通常将它分为非随机变化的部分(固定项)V_n 和随机变化部分(概率项)ε_n 两部分,并假设它们呈线性关系,其表达式如(5-17)所示:

$$U_n = V_n + \varepsilon_n \qquad (5\text{-}17)$$

V_n 与解释变量之间有多种关系,通常假设它们呈线性关系,其一般形式如(5-18)所示:

$$V_n = \sum_{i=1}^{I} \beta_i X_{in} \qquad (5\text{-}18)$$

式中 I——解释变量的个数；

$\quad\quad \beta_i$——第 i 个变量所对应的参数；

$\quad\quad X_{in}$——第 n 个样本的第 i 个影响变量。

定义 U_n 为排序选择模型的隐变量或潜变量，表达式为：

$$U_n = \sum_{i=1}^{I} \beta_i X_{in} + \varepsilon_n \tag{5-19}$$

相对于显式变量 Y_n 而言，隐变量（潜变量）U_n 没有观察值，一个典型的解释变量是把隐变量理解为某种效用，效用的大小可以用数值衡量。在估计排序模型时，只需输入 Y_n 的观察值和各解释变量 X_{in} 的观察值。

当实际观测被解释变量有 m 种类别时，相应取值为 $Y_n = 0, Y_n = 1, \cdots, Y_n = m$，隐变量 U_n 由解释变量 X_{in} 做线性解释后，依据 U_n 所对应的如表达式（5-20）规则，对 Y_n 进行排序分类：

$$Y_n = \begin{cases} 0 & \text{if} \quad U_n \leqslant \gamma_1 \\ 1 & \text{if} \quad \gamma_1 \leqslant U_n \leqslant \gamma_2 \\ 2 & \text{if} \quad \gamma_2 \leqslant U_n \leqslant \gamma_3 \\ \quad\cdots\cdots \\ M & \text{if} \quad \gamma_M \leqslant U_n \end{cases} \tag{5-20}$$

式中，各 $\gamma_m (m = 1, 2, \cdots, M)$ 是决定 Y_n 排序的阈值。决定 Y_n 排序的值是 0，1，2，$\cdots$，M，可以是任意值。排序选择模型要求，对于隐变量 U_n 而言，较大的 Y_n 对应于较大的隐变量 U_n，即有 $\gamma_1 < \gamma_2 < \cdots < \gamma_M$。

对于给定值 X_{in} 的累积概率可以按下式表示：

$$P(Y_n \leqslant m \mid X_{in}) = P(U_n \leqslant \gamma_m) = P\left(\sum_{i=1}^{I} \beta_i X_{in} + \varepsilon_n \leqslant \gamma_m \right)$$

$$= P\left(\varepsilon_n \leqslant \gamma_m - \sum_{i=1}^{I} \beta_i X_{in} \right) \tag{5-21}$$

观察值 Y_n 的概率如下：

$$\begin{cases} P(Y_n = 0 \mid X, \beta, \gamma) = F(\gamma_1 - V_n) \\ P(Y_n = 1 \mid X, \beta, \gamma) = F(\gamma_2 - V_n) - F(\gamma_1 - V_n) \\ P(Y_n = 2 \mid X, \beta, \gamma) = F(\gamma_3 - V_n) - F(\gamma_2 - V_n) \\ \quad\cdots\cdots \\ P(Y_n = M \mid X, \beta, \gamma) = 1 - F(\gamma_M - V_n) \end{cases} \tag{5-22}$$

式中，F 是 ε 的累积分布函数，$V_n = \sum_{i=1}^{I} \beta_i X_{in}$。如果选择 Logit 模型，$F$ 就是逻辑分布函数，即潜变量的随机项服从 Logistic 分布，该模型称为排序 Logit 模型；如果选择 Probit 模型，F 就是标准的分布函数，即潜变量的随机项服从标准正态分布，该模型称为排序 Probit 模型。由此可知，排序模型估计得到的实际上是由各观察值 Y_n 落入到不同区间（等级）的概率。

当 ε_n 服从 Logistic 分布时，累积概率可以由式(5-23)进行计算：

$$P(Y_n \leqslant m \mid X_{in}) = P(U_n \leqslant \gamma_m) = \frac{E(\gamma_m - V_n)}{1 + e(\gamma_m - V_n)} \qquad (5\text{-}23)$$

由累计概论公式可以推导出排序 Logit 模型的选择概率 $P(Y_n = m)$ 的表达式，如公式(5-24)所示：

$$
\left\{
\begin{aligned}
&P(Y_n = 0) = \frac{E(\gamma_1 - V_n)}{1 + e(\gamma_1 - V_n)} \\
&P(Y_n = 1) = P(V_n \leqslant 1) - P(Y_n \leqslant 0) = \frac{E(\gamma_2 - V_n)}{1 + e(\gamma_2 - V_n)} - \frac{E(\gamma_1 - V_n)}{1 + e(\gamma_1 - V_n)} \\
&P(Y_n = 2) = P(Y_n \leqslant 2) - P(Y_n \leqslant 1) = \frac{E(\gamma_3 - V_n)}{1 + e(\gamma_3 - V_n)} - \frac{E(\gamma_2 - V_n)}{1 + e(\gamma_2 - V_n)} \\
&\quad\cdots\cdots \\
&P(Y_n = M) = 1 - P(Y_n \leqslant M - 1) = 1 - \frac{E(\gamma_M - V_n)}{1 + e(\gamma_M - V_n)}
\end{aligned}
\right.
$$

$$(5\text{-}24)$$

并满足 $P(Y_n - 0) + P(Y_n = 1) + \cdots + P(Y_n = M) = 1$。当 ε_n 服从标准正态分布时，累积概率可以由式(5-25)进行计算：

$$P(Y_n \leqslant m \mid X_{in}) = P(U_n \leqslant \gamma_m) = \frac{1}{\sqrt{2\pi}} \int_{-\infty}^{\gamma_m - V_n} e^{-\frac{(\gamma_m - V_n)^2}{2}}$$

$$= \Phi(\gamma_m - V_{mn}) \qquad (5\text{-}25)$$

由累积概率公式可以推导出排序 Probit 模型的选择概率 $P(Y_n = m)$ 的表达式，如式(5-26)所示：

$$
\left\{
\begin{aligned}
&P(Y_n = 0) = \Phi(\gamma_1 - V_n) = \Phi\left(\gamma_1 - \sum_{i=1}^{I} \beta_i X_{in}\right) \\
&P(Y_n = 1) = \Phi(\gamma_2 - V_n) - \Phi(\gamma_1 - V_n) \\
&\qquad = \Phi\left(\gamma_2 - \sum_{i=1}^{I} \beta_i X_{in}\right) - \Phi\left(\gamma_1 - \sum_{i=1}^{I} \beta_i X_{in}\right) \\
&P(Y_n = 2) = \Phi(\gamma_3 - V_n) - \Phi(\gamma_2 - V_n) \\
&\qquad = \Phi\left(\gamma_3 - \sum_{i=1}^{I} \beta_i X_{in}\right) - \Phi\left(\gamma_2 - \sum_{i=1}^{I} \beta_i X_{in}\right) \\
&\quad\cdots\cdots \\
&P(Y_n = M) = 1 - \Phi(Y_n \leqslant M - 1) = 1 - \Phi\left(\gamma_M - \sum_{i=1}^{I} \beta_i X_{in}\right)
\end{aligned}
\right.
$$

$$(5\text{-}26)$$

待估参数向量 β 并非固定值,而是由于个人的喜好不同而服从一定的分布形式。累积概率可以由式(5-27)进行计算:

$$P(Y_n \leqslant m \mid X_{in}) = P(U_n \leqslant \gamma_m) = \int \left[\frac{e\gamma_m - V_n}{1 + e\gamma_m - V_n}\right] g(\bar{\beta} \mid \theta) \mathrm{d}\bar{\beta} \quad (5\text{-}27)$$

式中,$g(\bar{\beta} \mid \theta)\mathrm{d}\bar{\beta}$ 为某种分布密度函数,如正态分布或对数正态分布等;θ 为密度函数的未知参数。

由累积概率公式可以推导出排序 Mixed Logit 模型的选择概率 $P(Y_n = m)$ 的表达式,如式(5-28)所示:

$$\begin{cases} P(Y_n = 0) = \int \left[\dfrac{e\gamma_1 - V_n}{1 + e\gamma_1 - V_n}\right] g(\bar{\beta} \mid \theta) \mathrm{d}\bar{\beta} \\[2mm] P(Y_n = 1) = \int \left[\dfrac{e\gamma_2 - V_n}{1 + e\gamma_2 - V_n}\right] g(\bar{\beta} \mid \theta) \mathrm{d}\bar{\beta} \\[2mm] \qquad \cdots\cdots \\[2mm] P(Y_n = M) = 1 - P(Y_n \leqslant M-1) = 1 - \int \left[\dfrac{e\gamma_M - V_n}{1 + e\gamma_M - V_n}\right] g(\bar{\beta} \mid \theta) \mathrm{d}\bar{\beta} \end{cases} \quad (5\text{-}28)$$

为了简化模型,本书仅引入排序 Logit 模型和排序 Probit 模型分析生活事件对人因失误影响阈值问题。

（2）被解释变量的确定

本书以人因失误率为被解释变量,被解释变量 Y_n 表示人因失误率非常低、人因失误率较低、人因失误率适中、人因失误率较高和人因失误率非常高五种情况,如 $Y_n = 0$ 时,表示人因失误率非常低;$Y_n = 1$ 时,表示人因失误率比较低;$Y_n = 2$ 时,表示人因失误率适中;$Y_n = 3$ 时,表示人因失误率比较高;$Y_n = 4$ 时,表示人因失误率非常高。下面以生活事件为影响变量,构建 Logit 排序选择模型和 Probit 选择模型,研究对人因失误率造成不同程度影响的生活事件累积改变单位阈值,为煤矿事故中人因失误控制对策提供科学依据。

被解释变量 Y_n 的表达式如公式(5-29)所示:

$$Y_n = \begin{cases} 0 & \text{if} \quad U_n \leqslant \gamma_1 \\ 1 & \text{if} \quad \gamma_1 < U_n \leqslant \gamma_2 \\ 2 & \text{if} \quad \gamma_2 < U_n \leqslant \gamma_3 \\ 3 & \text{if} \quad \gamma_3 < U_n \leqslant \gamma_4 \\ 4 & \text{if} \quad \gamma_4 < U_n \end{cases} \quad (5\text{-}29)$$

其中,$1,2,\cdots,4$ 为各被解释变量的选择阈值,也为待估系数;U_n 为潜变量,也为效用函数。

（3）影响变量的选择

根据第 4 章的研究结论,结合本书的目标,把生活事件确定为唯一影响变

量,其效用函数为:

$$\begin{cases} V_n = \beta X_n \\ U_n = \beta X_n + \varepsilon_n \end{cases} \tag{5-30}$$

其中,X_n 为影响变量;β 为影响变量对应的系数,为待估参数。

5.2.2 数据采集

本书以平煤集团、平朔集团和兖矿集团掘进队、采煤队、机电队、运输队、通风队一线工人为调查对象,发放"生活事件对人因失误影响调查问卷",共发放调查问卷 136 份,收回有效调查问卷 125 份,有效回收率为 91.9%,样本分布情况见表 5-14。

表 5-14 样本分布(%)

人因失误率	非常低	较低	适中	较高	非常高
样本百分比	15.2	19.2	24.8	23.2	17.6

5.2.3 阈值确定

本书首先通过"生活事件对人因失误影响调查问卷"获得煤矿工人近一年内所遭遇的生活事件题项和生活事件发生的时间,对照煤矿工人生活事件量表确定生活事件 LCU 值和生活事件影响时间长度,并应用公式(5-15)和公式(5-16)分别计算得出每位调查对象近一年内的 LCCU 值及目前人因失误率情况。然后,应用阈值确定方法,确定生活事件累积改变单位对人因失误影响的阈值。本书应用Eviews 7.0 软件对模型进行估计,回归结果 $P = 0.000$,表明建立的 Probit 模型是显著有效的,模型的拟合优度值为 0.904,模型拟合优度较好。t 检验值的绝对值大于 1.96,且相应的 P 值为 0.000,精确度较高,计算结果见表 5-15。

表 5-15 模型计算结果

变量	系数	标准误差	Z 统计量	概率
x	0.183	0.057	3.108	0.000
极值点				
γ_1	14.217	4.428	2.985	0.000
γ_2	22.682	7.065	3.036	0.000
γ_3	29.713	9.257	3.179	0.000
γ_4	36.186	11.283	3.201	0.000
虚拟判定系数0.904		概率(LR 统计)0.000		

可得潜回归模型为：

$$U_n = 0.183X_n + \varepsilon_n \tag{5-31}$$

模型还给出了四个临界值 γ_1、γ_2、γ_3、γ_4。模型中的系数代表解释变量单位变化引起的 Y 的估计值 U_n 的边际变化，当 Y 的估计值 $U_n \leqslant 14.217$ 时，$Y=0$；当 $14.217 < U_n \leqslant 22.682$ 时，$Y=1$；当 $22.682 < U_n \leqslant 29.713$ 时，$Y=2$；当 $29.713 < U_n \leqslant 36.186$ 时，$Y=3$；当 $y^* > 36.186$ 时，$Y=4$。因此，生活事件累积改变单位对人因失误的影响分布如下：

$$Y_n = \begin{cases} 0 & \text{if} \quad X_n \leqslant 14.217 \\ 1 & \text{if} \quad 14.217 < X_n \leqslant 22.682 \\ 2 & \text{if} \quad 22.682 < X_n \leqslant 29.713 \\ 3 & \text{if} \quad 29.713 < X_n \leqslant 36.186 \\ 4 & \text{if} \quad 36.186 < X_n \end{cases} \tag{5-32}$$

根据公式(5-13)和公式(5-14)可以推导出公式(5-33)：

$$Y_n = \begin{cases} 0 & \text{if} \quad U_n \leqslant 78 \\ 1 & \text{if} \quad 78 < U_n \leqslant 124 \\ 2 & \text{if} \quad 124 < U_n \leqslant 162 \\ 3 & \text{if} \quad 162 < U_n \leqslant 197 \\ 4 & \text{if} \quad 197 < U_n \end{cases} \tag{5-33}$$

结合本书对被解释变量 Y_n 所提出的假设，即当 $Y_n = 0$ 时，表示人因失误率非常低；当 $Y_n = 1$ 时，表示人因失误率比较低；当 $Y_n = 2$ 时，表示人因失误率适中；当 $Y_n = 3$ 时，表示人因失误率比较高；当 $Y_n = 4$ 时，表示人因失误率非常高。把被解释变量的假设带入公式(5-33)即可推导出煤矿工人生活事件累积改变单位对人因失误影响的阈值，见公式(5-34)：

$$Y_n = \begin{cases} \text{人因失误率非常低} & \text{if} \quad X_n \leqslant 78 \\ \text{人因失误率较低} & \text{if} \quad 78 < X_n \leqslant 124 \\ \text{人因失误率适中} & \text{if} \quad 124 < X_n \leqslant 162 \\ \text{人因失误率较高} & \text{if} \quad 162 < X_n \leqslant 197 \\ \text{人因失误率非常高} & \text{if} \quad 197 < X_n \end{cases} \tag{5-34}$$

根据由"生活事件对人因失误影响调查问卷"所获得的样本数据，对照煤矿工人生活事件累积改变单位对人因失误影响的阈值，确定样本数据符合影响阈值的准确率，统计结果见表5-16。

由表5-16看出，样本数据与阈值比较整体准确率达到 90.4%。可见，本书所得到煤矿工人生活事件累积改变单位对人因失误影响的阈值较好地反映了样本数据情况,计算结果具有较高的效度。

表 5-16　　　　　　　　样本数据与阈值比较准确率

人因失误率	样本数量	正确个数	非正确个数	准确率(%)	非准确率(%)
非常低	19	18	1	94.7	5.3
较低	24	22	2	91.7	8.3
适中	31	27	4	87.1	12.9
较高	29	26	3	89.7	10.3
非常高	22	20	2	90.9	9.1
合计	125	113	12	90.4	9.6

综上所述,生活事件对煤矿事故中人因失误影响阈值测度的研究表明,当生活事件累积改变单位($LCCU$)≤78 时,煤矿工人人因失误率非常低;当 78＜$LCCU$≤124 时,人因失误率较低;当 124＜$LCCU$≤162 时,人因失误率适中;当 162＜$LCCU$≤197 时,人因失误率较高;当 $LCCU$＞197 时,人因失误率非常高。

5.3　生活事件对煤矿事故中人因失误影响情景分析

5.3.1　情景分析方法设计

煤矿工人生活在复杂多变的社会环境中,一年内可能遭遇多项生活事件,而且多项生活事件在作用时间上存在相互叠加现象,这会使煤矿工人的 $LCCU$ 值剧增,对煤矿事故中人因失误造成不利影响。为考察煤矿工人遭遇多项生活事件对其人因失误的影响程度,需确定煤矿工人在遭受不同数量的生活事件时,其 $LCCU$ 值落在人因失误影响阈值区间的概率,以此为依据考察煤矿工人遭遇多项生活事件时的人因失误情况。

根据上一节生活事件对煤矿事故中人因失误影响阈值的测度结论,$LCCU$ 值对煤矿工人人因失误影响的阈值区间分别为[12,78]、(78,124]、(124,162]、(162,197]和(197,＋∞),根据煤矿工人生活事件量表(表 5-12),生活事件 LCU 值中最小值为 12,因此第一个阈值区间为[12,78]。

结合本章的研究目标,为有效求得煤矿工人 $LCCU$ 值落在人因失误影响阈值区间的概率,本书作出如下假设:

① 煤矿工人 $LCCU$ 值计量周期为 1 年(365 天);

② 计量周期内煤矿工人 $LCCU$ 值初始值设为 0;

③ 生活事件 *LCU* 值在其作用时间范围内均匀衰减至 0；

④ 只记录与统计生活事件 *LCU* 值在本计量周期内的均匀衰减值；

⑤ 统计与计量过程中对煤矿工人 *LCCU* 值进行四舍五入。

本书根据煤矿工人一年内遭遇生活事件的数量从 1～N 设定情景，计算 N 种情景下煤矿工人 *LCCU* 值落在阈值区间为[12,78]、(78,124]、(124,162]、(162,197]和(197,+∞)的概率。根据研究假设和 5.2.1.2 部分设计的 *LCCU* 计算方法，煤矿工人 *LCCU* 值随计量周期内生活事件数量的增加而递增，因此，直至第 N 种情景煤矿工人 *LCCU* 值落在大于阈值 197 区间的概率趋于稳定后停止情景分析。

5.3.2 情景分析与结果解释

（1）情景一：煤矿工人一年内遭遇一项生活事件

如果煤矿工人一年内遭遇一项生活事件的影响，其生活事件累积改变单位值等于煤矿工人生活事件量表 *LCU* 值。根据煤矿工人生活事件量表（表5-12），煤矿工人一年内的 *LCCU* 值在区间[12,78]所占比例为为 84.1%，*LCCU* 值在区间(78,124]所占比例为 15.9%，*LCCU* 最大值为 100，如表 5-17 所示。

表 5-17　　　　　　　　　情景一：*LCCU* 值在各区间所占比例

区间	[12,78]	(78,124]	(124,162]	(162,197]	(197,278]
情景一	84.1%	15.9%	0%	0%	0%

根据表 5-17，煤矿工人一年内的 *LCCU* 值落在各阈值区间的折线图如图 5-7 所示。

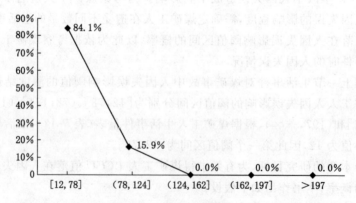

图 5-7　情景一：煤矿工人 *LCCU* 值在各阈值区间所占比例

由表 5-17 和图 5-7 可知,当煤矿工人一年内遭遇一项生活事件时,煤矿工人人因失误率"非常低",所占比例为 84.1%,人因失误率"比较低"所占比例为 15.9%,煤矿工人 LCCU 值落在由低到高的阈值区间内的概率呈现递减趋势。

(2) 情景二:煤矿工人一年内遭遇两项生活事件

如果煤矿工人一年内遭遇两项生活事件的影响,在计算煤矿工人生活事件累积改变单位值时分为两种情况:一种情况为两项生活事件在发生时间上不相互叠加;另外一种情况为两项生活事件在发生时间上存在相互叠加。分别计算两种情况下煤矿工人 LCCU 值落在不同区间上的频次,根据频次确定落在不同区间的概率。根据煤矿工人生活事件量表,煤矿工人一年内遭遇两项生活事件的最大值为生活事件 LCU 值最大的两项之和,由于前两项生活事件即"丧偶"和"离婚"不同时发生,因此选择"个人查出严重疾病"与"丧偶"事件的 LCU 值之和作为最大 LCCU 值,等于 190。

根据本书设计的 LCCU 计算方法,利用公式(5-15)和公式(5-16),使用 Matlab 计算工具编程穷尽两项生活事件相互叠加的所有情况,通过记录分别落在阈值区间的频次,确定落在阈值区间的概率。情景二计算结果如表 5-18 所示。

表 5-18　　　　　　　情景二:LCCU 值在各区间所占比例

区间	[12,78]	(78,124]	(124,162]	(162,197]	(197,278)
情景二	43.8%	42.4%	12.3%	1.5%	0%

根据表 5-18,煤矿工人一年内的 LCCU 值落在各阈值区间的折线图如图 5-8 所示。

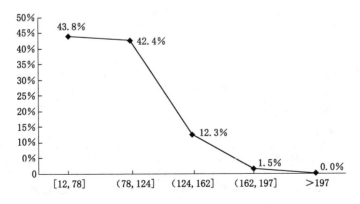

图 5-8　情景二:煤矿工人 LCCU 值在各阈值区间所占比例

由表 5-18 和图 5-8 可知,当煤矿工人一年内遭遇两项生活事件时,煤矿工人人因失误率"非常低",所占比例为 43.8%;人因失误率"比较低"所占比例为 42.4%,人因失误率"适中"所占比例为 12.3%,人因失误率"较高"所占比例为 1.5%。煤矿工人 LCCU 值落在由低到高的阈值区间内的概率继续呈现递减趋势。

(3) 情景三:煤矿工人一年内遭遇三项生活事件

如果煤矿工人一年内遭遇三项生活事件的影响,在计算煤矿工人生活事件累积改变单位值时分为三种情况:第一种情况为三项生活事件在发生时间上不相互叠加;第二种情况为有其中两项生活事件在发生时间上存在相互叠加;第三种情况为三项生活事件在发生时间上相互叠加。根据煤矿工人生活事件量表(表 5-12),煤矿工人一年内遭遇三项生活事件的最大值为生活事件 LCU 值最大的三项之和,煤矿工人 LCCU 值最大为 278。

根据本书设计的 LCCU 计算方法,利用公式(5-15)和公式(5-16),使用 Matlab 计算工具编程穷尽三项生活事件相互叠加的所有情况,通过记录分别落在阈值区间的频次确定落在阈值区间的概率。情景三计算结果如表 5-19 所示。

表 5-19 情景三:LCCU 值在各区间所占比例

区间	[12,78]	(78,124]	(124,162]	(162,197]	(197,278]
情景三	10.6%	17.2%	41.4%	19.2%	11.6%

根据表 5-19,煤矿工人一年内的 LCCU 值落在各阈值区间的折线图如图 5-9 所示。

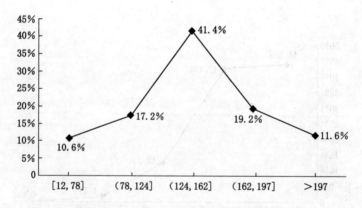

图 5-9 情景三:煤矿工人 LCCU 值在各阈值区间所占比例

由表 5-19 和图 5-9 可知,当煤矿工人一年内遭遇三项生活事件时,煤矿工人人因失误率"非常低"所占比例为 10.6%,人因失误率"比较低"所占比例为 17.2%,人因失误率"适中"所占比例为 41.4%,人因失误率"较高"所占比例为 19.2%,人因失误率"非常高"所占比例为 11.6%。煤矿工人 LCCU 值落在由低到高的阈值区间内的概率呈现先递增再递减趋势。

(4) 情景四:煤矿工人一年内遭遇四项生活事件

如果煤矿工人一年内遭遇四项生活事件的影响,在计算煤矿工人生活事件累积改变单位值时分为四种情况:第一种情况为四项生活事件在发生时间上不相互叠加;第二种情况为有其中两项生活事件在发生时间上存在相互叠加,另外两项生活事件不叠加;第三种情况为有三项生活事件在发生时间上相互叠加;第四种情况为四项生活事件在发生时间上相互叠加。根据煤矿工人生活事件量表(表 5-12),煤矿工人一年内遭遇四项生活事件的最大值为生活事件 LCU 值最大的四项之和,煤矿工人 LCCU 值最大为 363。

根据本书设计的 LCCU 计算方法,利用公式(5-15)和公式(5-16),使用 Matlab 计算工具编程穷尽四项生活事件相互叠加的所有情况,通过记录分别落在阈值区间的频次确定落在阈值区间的概率。情景四计算结果如表 5-20 所示。

表 5-20　　　　　　　　　情景四:LCCU 值在各区间所占比例

区间	[12,78]	(78,124]	(124,162]	(162,197]	(197,363]
情景四	0.9%	1.2%	5.5%	17.1%	75.3%

根据表 5-20,煤矿工人一年内的 LCCU 值落在各阈值区间的折线图如图 5-10 所示。

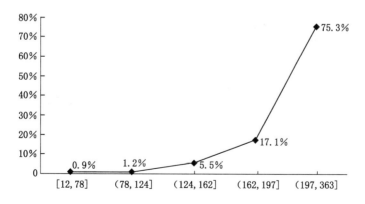

图 5-10　情景四:煤矿工人 LCCU 值在各阈值区间所占比例

由表 5-20 和图 5-10 可知,当煤矿工人一年内遭遇四项生活事件时,煤矿工人人因失误率"非常低"所占比例为 0.9%,人因失误率"比较低"所占比例为 1.2%,人因失误率"适中"所占比例为 5.5%,人因失误率"较高"所占比例为 17.1%,人因失误率"非常高"所占比例为 75.3%。煤矿工人 LCCU 值落在由低到高的阈值区间内的概率呈现激增趋势。

由于煤矿工人 LCCU 值随计量周期内生活事件数量的增加而递增,根据情景四分析结论可以推论,如果煤矿工人一年内遭遇的生活事件数量大于 4,LCCU 值落在由低到高的阈值区间内的概率呈激增趋势。根据情景分析结果可知,随着煤矿工人一年内遭遇的生活事件的数量增加,LCCU 值落在由低到高的阈值区间内的概率呈先递减、递增递减和急剧递增趋势。

5.4　本章小结

本书应用调查问卷法,通过生活事件初始条目池构建和条目分析、量表的信度和效度检验,确定了生活事件 LCU 值和生活事件影响时间长度,并最终构建出煤矿工人生活事件量表,如表 5-12 所示。以煤矿工人生活事件量表为基础,采用问卷调查法和离散选择排序模型法得出生活事件累积改变单位对人因失误影响阈值,当生活事件累积改变单位($LCCU$)≤78 时,煤矿工人人因失误率非常低;当 78<$LCCU$≤124 时,人因失误率较低;当 124<$LCCU$≤162 时,人因失误率适中;当 162<$LCCU$≤197 时,人因失误率较高;当 $LCCU$>197 时,人因失误率非常高。应用情景分析法考察了煤矿工人遭遇多项生活事件时,其 LCCU 值落在阈值区间的概率趋势。研究结论能为煤炭企业科学筛选干预对象提供科学方法。

6 煤矿事故中人因失误预控管理对策设计

6.1 人因失误防控重点分析

为有效控制煤矿人因失误的发生,本书基于生活事件对人因失误致因路径确定人因失误的预控管理重点。根据第 4 章的研究结论,生活事件对人因失误的致因路径有路径 A:"生活事件—心理压力—心理机能—感知过程失误—识别判断过程失误—行动操作过程失误";路径 B:"生活事件—心理压力—心理机能—识别判断过程失误—行动操作过程失误"和路径 C:"生活事件—心理压力—生理机能—行动操作过程失误"。路径 A、路径 B 和路径 C 中都包含生活事件导致心理压力阶段(即 LE-PS 阶段),因此 LE-PS 阶段是生活事件导致人因失误的预控管理重点,如图 6-1 所示。

图 6-1 生活事件与心理压力路径图

为有效控制由于煤矿工人遭受生活事件所导致的人因失误,需切断生活事件导致心理压力的产生路径,生活事件导致心理压力的产生路径如图 6-2 所示。

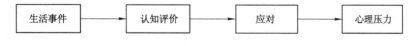

图 6-2 心理压力致因路径

根据第 3 章中心理压力形成过程的理论分析结论,当遭受生活事件刺激时,煤矿工人根据个性心理特征和倾向性、社会支持系统和个人能力对生活事件的性质、精神影响程度及处理能力做出相应的认知评价,并以此作为应对的基础。煤矿工人为缓解生活事件对个体造成的不利影响,会调动自身内部或社会资源对该生活事件作出问题和情绪取向应对,如应对失败,个体面对境遇束手无策,则导致心理压力的产生。由于生活事件的发生有必然性、突发性和普遍性特点,生活事件是导致人因失误的外界客观因素,煤矿工人和煤炭企业管理者无法影响生活事件的发生和频次,只能通过一些措施降低生活事件所导致的心理压力。基于上述分析,为有效降低生活事件所导致心理压力,煤炭企业需建立生活事件提报、心理压力评估、心理干预和心理干预效果评估等四项机制。通过建立生活事件提报机制,全面及时地了解每位煤矿工人所遭遇的生活事件;通过建立煤矿工人心理压力评估机制,实时对煤矿工人心理压力情况作出科学评估,从而判断煤矿工人当时的心理压力状况是否能够胜任工作,并筛选出需要进行心理干预的煤矿工人;通过建立煤矿工人心理干预机制,针对需要进行心理干预的煤矿工人及时提供专业的心理咨询和心理治疗,帮助煤矿工人缓解心理压力,使其心理平衡;通过建立心理干预效果评估机制有效监控与反馈心理干预的效果及煤矿工人心理压力缓解情况,作为进一步心理压力评估和干预的依据。

根据第4章生活事件对人因失误影响路径分析结论,路径A、路径B和路径C中都包含心理压力导致个体机能下降阶段(即PS-IF阶段),因此PS-IF阶段也是生活事件导致人因失误的防控重点阶段。为有效控制人因失误的产生,需切断由心理压力导致煤矿工人心理机能和生理机能障碍的路径,如图6-3所示。

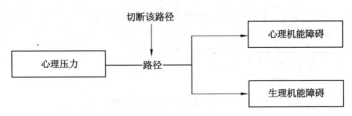

图 6-3　心理压力与心理和生理机能路径图

根据第3章中压力反应研究结论,如果煤矿工人心理压力持续存在,并达到一定的强度,超过了个体的承受能力,就会对个体的生理和心理产生不利影响,致使生理机能和心理机能状态下降。为有效控制由于煤矿工人心理压力过大导致其心理机能和生理机能障碍而产生的人因失误,需建立心理机能和生理机能状态评估机制,准确地对煤矿工人心理机能和生理机能状态作出科学评估,从而判断煤矿工人是否能够继续胜任其工作。然而,由于心理机能和生理机能状态评估受到评估技术条件限制,在煤炭企业从技术角度和操作层面实时地针对煤矿工人的心理机能和生理机能进行评估不可行。因此,针对煤矿工人的实时心理机能和生理机能状态评估不纳入人因失误预控管理体系。

6.2 人因失误预控管理设计的目标与原则

（1）人因失误预控管理对策设计的目标

① 确保煤矿工人人因失误率控制在可接受的范围之内；

② 确保煤矿工人人因失误预控管理体系符合相关法律法规,避免引起法律纠纷；

③ 确保煤矿工人人因失误预控管理机制的有效性；

④ 确保建立与煤矿总体目标相适应的煤矿工人人因失误预控管理机制,减少煤矿安全事故的发生。

（2）人因失误预控管理对策设计的原则

① 坚持人因失误预控管理与实现煤矿总体安全目标相结合的原则；

② 坚持人因失误预控管理与其他管理工作相结合的原则；

③ 坚持事前预控防范、事中预警控制为主的安全管理原则；

④ 坚持集中管理与全员参与相结合的原则。

6.3 煤矿事故中人因失误预控管理对策设计

基于生活事件对煤矿事故中人因失误的重要影响,为有效降低由于煤矿工人遭受生活事件而导致的人因失误,设计生活事件提报机制、心理压力评估机制、心理干预机制和心理干预效果评估机制,从而形成煤矿事故中人因失误预控管理对策。

6.3.1 建立煤矿工人生活事件提报机制

基于生活事件发生的特点,煤矿工人和煤炭企业管理者无法影响生活事件发生的时间和频次。因此,煤炭企业管理者只能通过建立生活事件提报机制,全面及时地了解每位煤矿工人所遭遇的生活事件,为有效防控和降低生活事件所导致的人因失误奠定基础。生活事件提报机制的内容包括生活事件提报主体、信息接收主体、信息提报渠道和信息提报等。生活事件提报主体实时收集煤矿工人生活事件信息,通过生活事件信息提报渠道把煤矿工人生活事件信息提报给生活事件信息接收主体,并由生活事件信息接收主体对生活事件信息进行确认。如果生活事件信息得到确认,录入生活事件信息数据库,并把证实信息反馈给提报主体;如果信息没有得到煤矿工人证实,需把信息反馈给提报主体进行二次确认。生活事件信息提报及处理流程如图6-4所示。

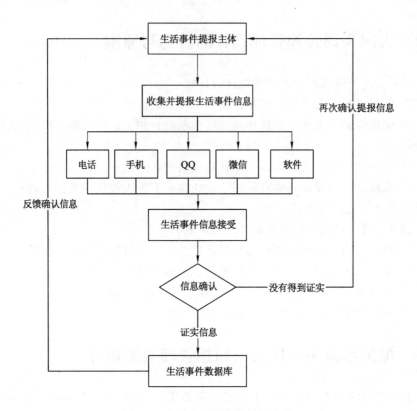

图 6-4　生活事件提报及处理流程

（1）生活事件提报主体

根据煤矿工人社会关系情况，围绕煤矿工人建立包括煤矿工人自身、家庭成员、亲属、朋友和同事等的生活事件信息提报主体。煤炭企业根据每位煤矿工人自身人际关系特点构建其生活事件信息提报主体，并明确提报主体的职责，煤炭企业通过宣传和教育使生活事件信息提报主体认识到生活事件提报对于煤矿工人安全的重要性，增强生活事件提报主体的积极性和主动性。

（2）生活事件信息接收主体

煤炭企业可以根据企业自身情况，选择在矿工会、安监部或党群工作部等设立生活事件信息接收主体，负责煤矿工人生活事件信息的接收、确认、录入和日常管理工作。

（3）生活事件信息提报渠道

煤炭企业根据生活事件信息提报主体的通信习惯，有针对性地建立包括固定电话、手机、QQ、微信和软件平台等的生活事件信息提报渠道，生活事件提报主体可选择任意一种方式及时准确地提报煤矿工人所遭遇的生活事件信息。

（4）生活事件提报的内容

生活事件提报的内容主要包括：生活事件条目、发生时间、提报主体、提报时间等，其中生活事件条目为本书第5章所开发的生活事件量表中的44项生活事件，内容见表5-12。煤炭企业在针对提报主体宣传和教育过程中，把生活事件条目的内容编制成手册发放给生活事件提报主体，便于提报主体根据生活事件条目内容和编码进行实时提报。

6.3.2 建立煤矿工人心理压力评估机制

在建立煤矿工人生活事件提报机制后，煤炭企业能够实时掌握每位煤矿工人所遭遇的生活事件情况，通过建立煤矿工人心理压力评估机制，实时对煤矿工人心理压力情况作出科学评估，从而判断煤矿工人当时的心理压力状况是否能够胜任工作，并筛选出需要进行心理干预的煤矿工人。心理压力评估机制的内容包括心理压力评估的数据库、主体和方法。心理压力评估主体以生活事件提报机制所建立起的每位煤矿工人的生活事件数据库为数据源，应用所开发软件系统平台计算生活事件累积改变单位值，通过与心理压力阈值比较确定煤矿工人心理压力评估结果。心理压力评估流程如图6-5所示。

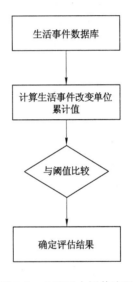

图 6-5　心理压力评估流程

（1）心理压力评估的数据库

煤矿工人心理压力评估的数据源是通过生活事件提报机制所收集的煤矿工人所遭受的生活事件条目和发生时间，并结合本书第5章所开发的生活事件量表（表5-12）所建立起来的数据库。

（2）心理压力评估主体

煤炭企业根据心理压力评估工作需求成立心理压力评估中心，作为心理压力评估的实施主体。

（3）心理压力评估的方法

首先，心理压力评估主体利用软件系统对心理压力评估的数据库进行统计与分析，根据第5章所提出的生活事件累积改变单位算法，计算出每位煤矿工人的生活事件累积改变单位值。然后，将每位煤矿工人的累计生活事件改变单位值与第5章所得出生活事件对人因失误影响阈值进行比较，即当生活事件累积改变单位（LCCU）≤78 时，煤矿工人人因失误率非常低；当 78＜LCCU≤124 时，人因失误率较低；当 124＜LCCU≤162 时，人因失误率适中；当 162＜LCCU≤197 时，人因失误率较高；当 LCCU＞197 时，人因失误率非常高，并形成压力评估结果。最后，心理压力评估主体把心理压力评估结果信息通过软件平台反馈给相应的心理干预单位，以便对煤矿工人进行及时有效的心理干预。

6.3.3　建立煤矿工人心理干预机制

　　心理干预就是对心理压力过大的煤矿工人提供专业的心理咨询和心理治疗，使其心理恢复平衡的过程。心理干预的目标是帮助煤矿工人缓解心理压力，使其心理恢复平衡，将其心理机能和生理机能恢复到之前的功能水平，避免出现个体机能障碍。为有效降低煤矿工人的心理压力，减少人因失误，结合煤矿工人的个性心理特点设计煤矿工人心理压力干预机制，心理干预机制内容包括：心理干预主体、生活事件属性调查、煤矿工人背景调查、心理干预等级确定、心理干预模式选择等。通过心理压力评估机制筛选出干预对象后，首先进行生活事件属性、工人基本个人情况、个性心理特征及社会支持系统等背景资料的调查；然后，依据煤矿工人心理压力评估结果确定心理压力干预等级；最后，以生活事件属性、煤矿工人背景调查及心理干预等级为依据，并结合心理干预模式的特点科学合理地选择心理干预模式，从而形成煤矿工人心理干预预案。煤矿工人心理干预流程如图 6-6 所示。

　　（1）心理干预主体

　　心理压力干预主体由煤炭企业外聘的心理咨询专家构成，主要负责对筛选出的干预对象实施心理干预，有效缓解煤矿工人的心理压力。

　　（2）生活事件属性调查

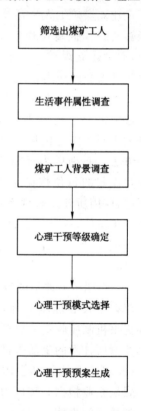

图 6-6　心理干预流程图

　　生活事件调查是指心理干预主体根据生活事件提报主体提报的生活事件信息，参照煤矿工人生活事件量表维度及其条目分布表（见表 6-1），确定生活事件所属类别，以此作为选择心理干预模式的主要依据。

表 6-1 煤矿工人生活事件量表维度及其条目分布

生活事件属性类别	条目数	生活事件条目分布
社交需求	19	E1 夫妻离婚、E2 丧偶、E3 直系亲属亡故、E6 夫妻感情破裂、E10 非直系亲属亡故、E11 直系亲属病重、E18 非直系亲属病重、E19 直系亲属面临刑事处罚、E20 直系亲属离婚、E21 直系亲属的夫妻感情破裂、E28 子女难于管教、E31 与直系亲属发生纠纷、E39 夫妻之间发生争执、E43 与非直系亲属发生纠纷、E45 好友亡故、E46 好友重病、E47 邻里之间发生纠纷、E48 与朋友发生严重纠纷、E49 和上级冲突
安全需求	12	E4 个人体检查出严重疾病、E8 过量饮酒导致身体机能下降、E9 娱乐活动过度导致精力不支、E16 工作过度劳累导致体力不支、E25 意外事故导致财产损失、E26 投资失败导致财产损失、E27 重要物品遗失、E32 个人或直系亲属面临恐吓威胁、E37 介入法律纠纷、E38 面临严重的经济压力、E44 收入显著下降、E53 借款导致财产损失
尊重需求	9	E5 工作岗位调整导致工作困难、E12 面临重要考试,学习困难、E13 绩效考核不理想、E33 本人名誉受损、E34 被亲友误会、错怪、诬告、E35 被上级严厉的批评、E40 个人升职受挫、E50 严重差错或事故,面临行政处罚或罚款、E51 上当受骗
生理需求	4	E7 倒班导致夫妻生活障碍、E14 倒班导致睡眠重大改变、E17 生病、E23 遭遇恶劣的工作环境

（3）煤矿工人背景调查

煤矿工人背景调查的主要目的是掌握煤矿工人个人基本情况、个性心理特征、社会支持系统、生活事件基本情况、生活事件发生的经过等,其重点在于弄清在遭受生活事件刺激后,煤矿工人认知评价情况、应对情况和生理心理机能状态,为制定科学合理的心理干预措施奠定基础。煤矿工人背景调查内容如表6-2 所示。

表 6-2 煤矿工人背景调查表

序号	调查项目	调查内容	调查方法
1	个人基本情况	年龄,文化程度,工种,婚姻和家庭情况,人际关系情况,经济收入与财产状况,个人身体健康情况	调查其档案材料,访问其领导、工友和亲属等
2	个性心理特征	调查个人身上稳定地表现出来的不同于他人的心理特点,包括个人性格、气质和价值观等	访谈煤矿工人领导、同事,并进行心理特征调研或测验

序号	调查项目	调查内容	调查方法
3	社会支持系统	调查社会支持系统,主要包括两类:一类是客观的、实际的、可见的支持,包括物质上的直接援助和社会网络;另一类是主观的、体验到的或情绪上的支持,指个体受到社会或他人的尊重、支持和被理解的情绪体验	访问煤矿工人及其家属、同事和其他知情者
4	生活事件基本情况	生活事件发生的时间、精神影响程度、所属类别等	调查生活事件数据库和生活事件量表
5	生活事件发生的详细经过	详细了解生活事件发生的经过,对当事人造成的情感伤害或经济财产损失等	访谈煤矿工人及事件知情者
6	认知评价	详细了解煤矿工人对生活事件性质的认知、对自身解决问题能力的认知和解决问题的态度等	访谈煤矿工人
7	应对	详细了解煤矿工人问题取向应对方案和情绪取向应对方案	访谈煤矿工人
8	生活事件发生后煤矿工人的心理机能状态	主要了解生活事件发生后是否存在以下不利的心理状态:生理和心理疲劳;睡眠不足;体力不足;耐力下降;行动操作能力下降;情绪低落;注意力分散;意志力下降;意识觉醒水平下降;工作意欲下降;感知觉能力下降;记忆能力下降;思维能力下降	访谈煤矿工人及其家属
9	生活事件发生后煤矿工人的生理机能状态	主要了解生活事件发生后是否存在以下不利的生理状态:生理和心理疲劳;睡眠不足;体力不足;耐力下降;行动操作能力下降	访谈煤矿工人及其家属

(4)心理干预等级

通过心理压力评估机制筛选出需要进行心理干预的煤矿工人,并获得该工人的生活事件累积改变单位值,依据生活事件累积改变单位值确定心理干预等级。本书根据作业内容是否需要调整、干预的强度、频次及时间长度将心理干预等级分为五级,心理压力强度与心理干预等级选择方式如表6-3所示。

当$LCCU \leqslant 78$时,生活事件导致煤矿工人人因失误率非常低,心理干预等级设为Ⅰ级。Ⅰ级心理干预无需对煤矿工人的作业内容进行调整,心理干预强度小、频次低、时间短。

表 6-3   心理压力强度与干预等级选择表

心理压力强度	干预等级	心理干预			
		工作干预	干预强度	干预频次	干预时间长度
$LCCU \leqslant 78$	Ⅰ	不干预	小	低	短
$78 < LCCU \leqslant 124$	Ⅱ	不干预	适中	适中	短
$124 < LCCU \leqslant 162$	Ⅲ	不干预	大	适中	适中
$162 < LCCU \leqslant 197$	Ⅳ	调整工作内容	大	高	适中
$LCCU > 197$	Ⅴ	休假	大	高	长

当 $78 < LCCU \leqslant 124$ 时,生活事件导致煤矿工人人因失误率较低,心理干预等级设为Ⅱ级。Ⅱ级心理干预无需对煤矿工人的作业内容进行调整,心理干预强度适中、频次适中、时间较短。

当 $124 < LCCU \leqslant 162$ 时,生活事件导致煤矿工人人因失误率一般,心理干预等级设为Ⅲ级。Ⅲ级心理干预无需对煤矿工人的作业内容进行调整,心理干预强度大、频次适中、时间适中。

当 $162 < LCCU \leqslant 197$ 时,生活事件导致煤矿工人人因失误率较高,心理干预等级设为Ⅳ级。Ⅳ级心理干预需对煤矿工人作业任务做出调整,使其从事作业安全系数相对较高或精力体力消耗相对较低的工作,从而减少由于人因失误而导致的作业事故。Ⅳ级心理干预强度大、频次高、时间适中。对煤矿工人实施Ⅳ级心理干预后,需进行心理干预效果评估流程,直至该工人心理机能和生理机能状态完全恢复正常,此后才能恢复其原有工作内容。

当 $LCCU > 197$ 时,生活事件导致煤矿工人人因失误率非常高,心理干预等级设为Ⅴ级。Ⅴ级心理干预需停止煤矿工人日常工作,强制其休假 3～10 天,在休假期间按照心理干预预案计划对其进行心理咨询和治疗,在煤矿工人心理机能状态和生理机能状态恢复到能够胜任安全作业要求后才能允许其上岗作业。在该工人上岗作业后,煤炭企业应根据工作实际情况,安排该工人从事作业风险系数相对较低的工作任务,并继续对煤矿工人进行心理干预服务,直至该工人心理机能和生理机能状态完全恢复正常。Ⅴ级心理干预强度大、频次高、时间长。

(5)心理干预模式

以生活事件属性调查、煤矿工人背景调查及心理干预等级为依据,选择科学合理的心理干预模式和干预时机,从而形成心理干预预案。心理干预模式一般包括哀伤辅导、认知、心理社会转变、平衡等干预模式。

哀伤辅导模式是指在遭受外界刺激后,人们不能沉溺于强烈的悲痛情绪中,而应该在感受自己经历的悲痛情绪时,通过哭喊等方式发泄自己的悲伤情绪,接受事实,重新调整生活,预防心理压力的产生。在煤矿工人遭受的生活事件中,社会需求属性的生活事件,尤其是亲人亡故事件,在情绪取向应对阶段较适用哀伤辅导模式。

认知模式认为心理压力的产生主要原因在于当事人对生活事件和围绕事件的境遇进行了错误思维,而不在于事件本身或与事件有关的事实。造成人们产生心理压力的并不是事件本身或与事件有关的事实,而是当事人的错误认知,所以对事件错误的歪曲思维进行干预是心理干预的重点。该模式的基本原则是通过改变思维方式,帮助当事人认识到自身存在的非理性认知和自我否定成分以及灾难性思维,校正错误的思维方式,重新获得理性思维和自我肯定,帮助当事人增强自我对于生活事件的控制,获得对自己生活中危机的控制。对煤矿工人在遭遇社会需求和尊重需求类生活事件的认知阶段适合实施认知模式。

心理社会转变模式认为心理压力可能与当事人内、外部(心理的、社会的或环境的)各种因素交互作用的困境有关。人的个性心理特征、社会环境、家庭、职业甚至是宗教信仰都会影响到个体的心理适应。相应地,心理干预也需要从内、外部因素入手,否则难以真正解决问题。心理社会转变模式的主要作用是评估和确定与心理压力有关的内、外部困难,帮助当事人利用外部环境资源,寻求社会支持并调整自己的应对方式,以获取对自己生活的自我控制。该模式引导人们从心理、社会和环境等三个范畴寻找心理干预的策略,使当事人有更多的方式选择,从而解决心理压力问题。对煤矿工人在遭遇社会需求、尊重需求和安全需求类生活事件的应对阶段适合实施心理社会转变模式。

平衡模式认为,遭遇生活事件刺激的当事人通常处于一种心理情绪失衡状态,他们原有的应对机制和解决问题的方法不能满足当前的需要。因此心理干预的工作重点应放在稳定当事人情绪,使他们重新恢复到危机前的平衡状态。这种模式主要适合于遭遇生活事件后的早期干预。在遭受生活事件后,个体处于极度茫然、混乱和自我失控状态,这一时期的干预目标应主要集中在稳定个体的心理和情绪方面,在其达到某种稳定程度之前,不宜采取其他干预措施。

根据心理干预模式的适用特点,在煤矿工人遭受生活事件刺激影响后,首先以稳定煤矿工人情绪为重点,采取平衡模式对其进行干预。在针对煤矿工人进行生活事件调查和背景调查后,在煤矿工人认知阶段采取认知模式进行心理干预,在煤矿工人问题取向应对阶段采取心理社会转变模式进行心理干预,在情绪取向应对阶段采取哀伤辅导模式进行心理干预。本书将平衡、认知、哀伤和心理转变模式整合在一起,形成一种综合的整合心理干预模式,实现系统科学地对煤矿工人实施心理干预。事件类别与干预模式选择表见表6-4,整合心理干预模式时机如图6-7所示。

表 6-4   事件类别与干预模式选择表

属性类别 干预模式	生理需求事件	安全需求事件	社会需求事件	尊重需求事件
哀伤辅导模式			√	
认知模式			√	√
心理社会转变模式		√	√	√
平衡模式	√	√	√	√

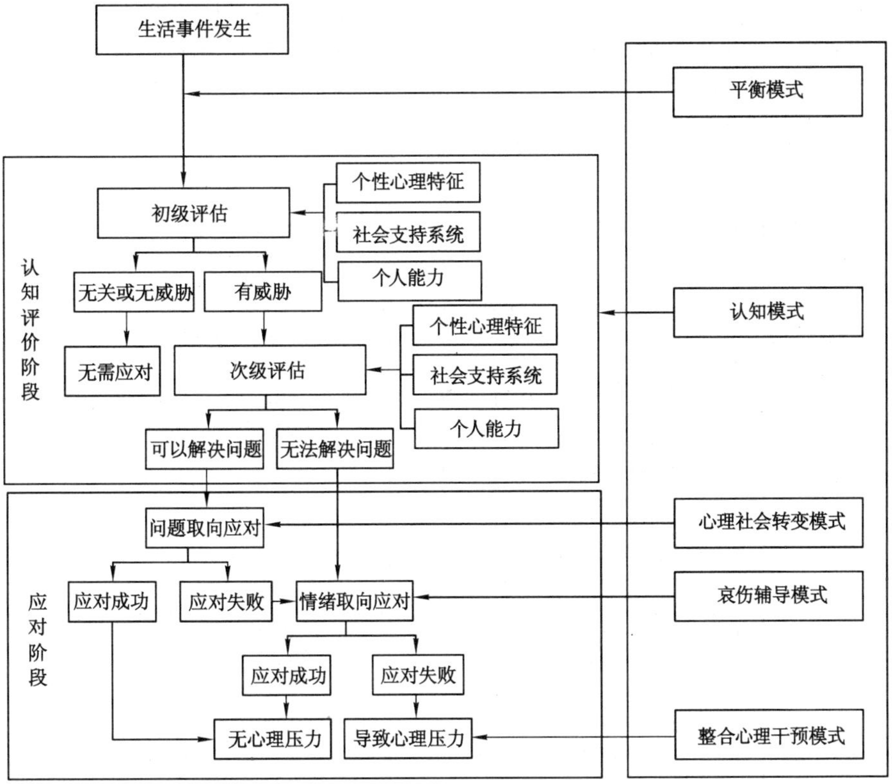

图 6-7　整合心理干预模式时机

6.3.4　建立煤矿工人心理干预效果评估机制

在心理干预过程中,需要不断评估心理干预措施是否产生预期效果,以便随时根据实际需要对心理干预预案作出调整和修改,以寻求最佳的解决方案。在针对煤矿工人进行心理干预后,煤矿工人的心理压力得到解决或一定程度的缓解,应及时中断心理干预,以减少其对心理干预中心的依赖。

心理干预效果评估分为心理干预过程效果评估和心理干预结果效果评估两个阶段,如图 6-8 所示。心理干预过程效果评估分为:情绪稳定状态评估、认知状况评估和应对状况评估。情绪稳定状态评估主要是针对煤矿工人在遭遇生活事件的早期阶段实施的平衡模式心理干预所进行的评估;认知状况评估主要是针对煤矿工人在遭遇生活事件后的认知评价阶段的认知干预模式所展开的评估;应对状况评估主要是针对煤矿工人在遭遇生活事件后的应对阶段的心理社会转变模式和哀伤模式所展开的评估。心理干预结果效果评估分为心理机能状态评估和生理机能状态评估。心理机能状态评估主要是评估煤矿工人在实施心理干预后心理机能状态恢复情况;生理机能状态评估主要是评估煤矿工人在实施心理干预后生理机能状态恢复情况。

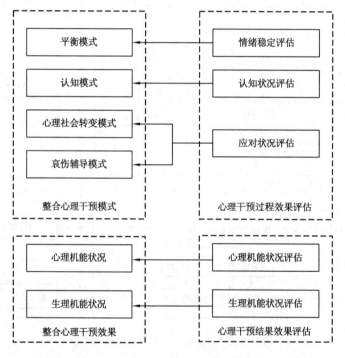

图 6-8　心理干预效果评估阶段图

依据梅耶评估量表设计心理干预效果评估量表,分别是情绪稳定状态、认知状况、应对状况、心理机能状况和生理机能状况从"无恢复"到"完全恢复"六大类和十个等级,心理干预效果评估的内容如表 6-5 所示。

表 6-5　　　　　　　　　　　　　心理干预效果评估表

评估内容	1 无恢复	2　　3 稍有恢复	4　　5 中等恢复	6　　7 显著恢复	8　　9 基本恢复	10 完全恢复
情感稳定评估	情感状况没有恢复,依然处于完全失控状态	负性情感体验明显超出环境影响,情感与环境明显不协调,心境波动明显,当事人意识到负性情感,但不能自控	情感对环境反应有脱节,常表现出负性情感,对环境变化有较强烈的情感波动。情感状况虽然比较稳定,但需努力控制情绪	情感对环境反应适当,但对环境变化有较长时间的负性流露,当事人能意识到需要自我控制	情感对环境反应适当,对环境变化只有短暂的负性情感流露,情绪完全能自控	情绪状态稳定,对日常活动情感表达透彻
认知状况评估	除生活事件外,不能集中注意力;解决问题和做定的能力没有恢复;对生活事件认知与实际情况有显著差异	沉湎于对危机事件的思虑;当事人解决问题和做决定的能力稍有恢复;对生活事件认知与实际情况存在实质性的差异	注意力时常不能集中,较多地考虑生活事件而不能自拔;解决问题和做决定的能力有所恢复;对生活事件的认知与现实情况可能有所不同	注意力偶尔不能集中,感到较难控制对生活事件的思考;解决问题和做决定的能力显著恢复;对生活事件的认知与现实情况有所偏差	当事人思维集中在生活事件上,但思维能受意志控制;问题解决和做决定能力基本恢复;对生活事件的认知基本与实际情况相符	注意力集中,解决问题和做决定的能力正常,对生活事件的认识与感知符合实际情况
应对状况评估	对环境变化应对能力没有恢复,无法做出有效应对	对环境变化应对能力稍有恢复,应对策略与理想情况存在较大偏差	对环境变化的应对能力中等恢复,应对策略存在不恰当情况	对环境变化的应对能力显著恢复,应对策略有时出现偏差	对环境变化的应对能力基本恢复,应对策略基本客观合理	对环境变化的应对能力完全恢复,能够客观合理的做出应对
心理机能状况评估	心理机能没有任何改善;情绪紊乱、思维紊乱	心理机能稍有改善;情绪和思维较为紊乱	心理机能有所改善;情绪有所改善和思辨能力有所提高	心理机能显著改善;情绪显著改善和思辨能力较之前显著提高	心理机能基本正常;情绪基本稳定和思维基本清晰	心理机能完全恢复正常;情绪稳定和思维清晰
生理机能状况评估	行动操作能力、体力、耐力完全没有恢复,无法正常行动和操作	行动操作能力、体力、耐力稍有恢复,日常行动机能受到严重影响	行动操作能力、体力、耐力中等恢复,日常行动机能减退	行动操作能力、体力、耐力显著恢复,能够进行简单的行动和操作	行动操作能力、体力、耐力基本恢复,基本胜任作业要求	行动操作能力、体力、耐力完全恢复,完全胜任作业要求

通过心理干预效果评估量表实施对心理干预过程效果和心理干预结果效果进行评估,从而判断心理干预措施是否达到预期干预效果和干预措施是否科学有效,形成心理干预效果评估报告,并把心理干预效果评估报告反馈给心理干预主体,以便对心理干预预案作出有效调整,从而达到有效心理干预的目的。

6.4　本章小结

本章基于煤矿工人人因失误重点分析,提出将切断生活事件导致心理压力路径作为人因失误防控对策的重点,并围绕切断生活事件导致心理压力路径建立煤矿事故中人因失误预控管理对策。首先,建立生活事件提报机制,全面及时地了解每位煤矿工人所遭遇的生活事件;其次,建立煤矿工人心理压力评估机制,实时对煤矿工人心理压力情况作出科学评估,从而判断煤矿工人此刻的心理压力状况是否能够胜任工作,并筛选出需要进行心理干预的煤矿工人;然后,建立煤矿工人心理干预机制,针对需要进行心理干预的煤矿工人及时提供专业的心理咨询和治疗,帮助煤矿工人缓解心理压力,使其心理恢复平衡;最后,建立心理干预效果评估机制,不断评估心理干预措施是否产生预期效果,以便随时根据实际需要对心理干预预案做出调整和修改,寻求最佳的解决方案。

7 煤矿事故中人因失误预控保障对策设计

为有效降低生活事件对煤矿工人人因失误带来的不利影响,确保生活事件视角下煤矿事故中人因失误预控管理对策得到高效的贯彻和执行,需在煤炭企业建立组织机构保障体系、管理制度保障体系、文化教育保障体系和软件平台支撑体系四项人因失误预控保障对策。生活事件视角下煤矿事故中人因失误预控保障对策如图 7-1 所示。

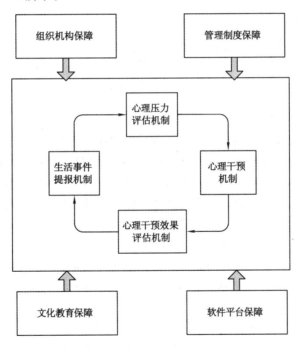

图 7-1 人因失误预控保障对策

7.1 组织机构保障设计

生活事件视角下煤矿事故中人因失误预控管理组织体系是煤炭企业开展人因失误预控管理工作的基础,由决策机构、职能机构和管理责任机构组成,并明确各职能部门的构成、责任和任务。通过合理的组织结构设计和职责安排,形成统一协调、各级支持、相互配合的人因失误预控管理组织体系,从而确保人因失误预控管理对策的有效实施。生活事件视角下煤矿事故中人因失误预控管理组织机构如图 7-2 所示。

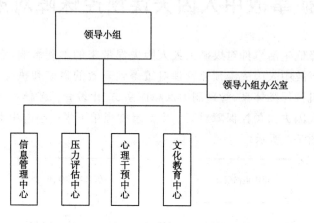

图 7-2　组织机构图

（1）设立领导小组

在煤炭企业成立生活事件视角下煤矿事故中人因失误预控管理领导小组,该领导小组由煤矿领导班子成员和心理咨询专家组成员组成,是煤炭企业人因失误预控管理的最高决策和管理机构,主要负责人因失误生活事件视角下煤矿事故中人因失误预控管理工作实施的整体规划、目标制定、资金和资源分配及业务指导等工作。

（2）设立领导小组办公室

领导小组办公室由煤矿安监科和办公室领导构成,具体负责协调信息管理中心、压力评估中心、心理干预中心和文化教育中心等相关部门,制定工作制度、流程和标准,并负责该项工作的日常考核。

（3）设立信息管理中心

信息管理中心由煤矿人事科和信息科人员构成,主要负责对煤矿工人基础档案和心理档案的管理,负责生活事件信息收集、录入查询、修改和统计工作,并负责维护软件系统的正常运行。

（4）设立心理压力评估中心

心理压力评估中心由煤矿安监科工作人员和心理咨询专家构成,主要负责煤矿工人的日常心理压力评估、心理干预效果评估及评估信息反馈等工作。

（5）设立心理干预中心

心理干预中心主要由外聘的心理咨询专家构成,主要负责煤矿工人个人背景资料调查、设计和实施心理干预方案,还负责心理干预信息的记录和建档等工作。

(6)设立文化教育中心

文化教育中心主要由煤矿宣传科、教培中心工作人员和心理咨询专家构成,主要负责生活事件提报主体的宣传、教育、培训工作和人因失误预控管理制度、流程和平台使用等的培训工作。

7.2　管理制度保障设计

健全的管理制度是有效实施生活事件视角下煤矿事故中人因失误预控管理对策的根本保障。管理制度的刚性和稳定性可以使煤矿人因失误预控管理高效、规范运行。规范系统的管理制度能够规范人因失误预控管理者的行动,协调各种关系,保证正常的工作秩序,促进良好风尚的形成和发展。如果预控管理机构各部门职责不清,任务不明,工作中就会发生互相扯皮、互相推诿的现象,产生内耗,不利于人因失误预控管理的顺利进行。相反,良好的规章制度和严格执行,会使人因失误预控管理得到强化、巩固和发展。

煤炭企业各单位应把人因失误预控管理制度建设工作纳入本单位制度体系,并建立健全与人因失误预控管理配套的运行制度、考核评价制度、奖罚制度等基础性制度,定期对人因失误预控管理建设的成效进行考评和奖惩,确保人因失误预控管理建设的各项工作顺利实施,为人因失误预控管理的落地实施提供强有力的制度保障。生活事件视角下煤矿事故中人因失误预控管理制度体系应包括:领导小组管理制度、领导小组办公室管理制度、信息管理中心管理制度、心理压力评估中心管理制度、心理干预中心管理制度和文化教育中心管理制度。

(1)领导小组管理制度

领导小组管理制度主要包括人因失误预控管理规划管理、目标制定、资金和资源分配、业务指导和业务考核等制度。

(2)领导小组办公室管理制度

领导小组办公室管理制度主要包括各部门协调管理、工作考核、财务经费管理、财务经费考核和信息提报管理等制度。

(3)信息管理中心管理制度

信息管理中心管理制度主要包括煤矿工人基础档案和心理档案管理、个人隐私保密、生活事件信息收集、生活事件信息录入和查询、生活事件信息修改和统计制度和软件系统使用管理等制度。

（4）心理压力评估中心管理制度

心理压力评估中心管理制度主要包括个人隐私保密、生活事件数据库管理、心理压力评估管理、心理干预效果评估和评估信息反馈等制度。

（5）心理干预中心管理制度

心理干预中心管理制度主要包括个人隐私保密、煤矿工人个人背景调查、心理干预方案设计、心理干预方案实施、心理干预信息记录与建档等制度。

（6）文化教育中心管理制度

文化教育中心管理制度主要包括生活事件提报主体遴选、生活事件信息提报管理、文化宣传管理、教育培训管理、个人隐私保密、煤矿工人个人背景调查、心理干预效果评估、心理干预效果评估实施、心理干预效果评估反馈、心理干预效果评估信息记录和建档等制度。

7.3 文化教育保障设计

7.3.1 文化教育体系建设的目标

文化教育体系建设的基本目的是将文化教育作为一种手段来推进煤炭企业人因失误预控管理建设，配合实现煤炭企业的安全管理目标。文化教育体系建设的载体和途径是要围绕煤矿事故中人因失误预控管理而建立起一套观念体系和行为准则体系，并将这套企业文化体系推而广之，使其深入渗透到全体煤矿工人、各级管理者及人因失误预控管理机构工作人员的心中，成为他们行为和理念的指导性纲领。文化教育体系建设的核心任务是根据人因失误预控管理建设目标来建立起一套与之相匹配的新文化系统和教育系统，从而确保人因失误预控管理的有效实施。文化教育体系建设最终实现如下目标：

① 使煤矿全体职工和生活事件提报主体认识到生活事件对煤矿工人安全的重要性，转变思想观念，增强生活事件提报主体的积极性和主动性；

② 使煤矿工人深刻认识到心理压力评估、心理干预及心理干预效果评估对减少人因失误的重要作用，积极配合煤炭企业所开展的人因失误预控管理活动；

③ 全面提升煤矿工人心理健康意识，提高煤矿工人心理抗压能力。

7.3.2 文化教育体系设计

（1）文化建设内容体系

围绕煤矿事故中人因失误预控管理，建立和完善煤炭企业文化建设内容。

文化是一种意识形态,具有明确的目的,通过特定环境的熏陶和渗透形成人们共同的价值标准、信念追求、社会心理和行为模式。从精神文化、制度文化和物质文化三个层次建立起煤炭企业人因失误预控管理文化建设内容体系,文化建设内容体系包括文化手册、培训教材、案例汇编、文化建设规划等,具体内容见表7-1。

表 7-1　　　　　　　　煤炭企业人因失误预控管理文化建设内容体系

预控管理内容	文化手册	培训教材	案例汇编	文化建设规划
生活事件提报	生活事件提报文化手册	生活事件提报培训教材	生活事件提报案例汇编	生活事件提报文化建设规划
心理压力评估	心理压力评估文化手册	心理压力评估培训教材	心理压力评估案例汇编	心理压力评估文化建设规划
心理干预	心理干预文化手册	心理干预培训教材	心理干预案例汇编	心理干预文化建设规划
心理干预效果评估	心理干预效果评估文化手册	心理干预效果评估培训教材	心理干预效果评估案例汇编	心理干预效果评估文化建设规划

（2）文化建设实施体系

文化建设实施体系主要包括培训对象、课程体系、培训师资及培训形式。其中培训对象包括煤矿工人、生活事件提报主体、人因失误预控管理领导小组人员、领导小组办公室人员、信息管理中心工作人员、心理压力评估中心工作人员、心理干预中心工作人员、文化教育中心工作人员等;课程体系包括生活事件提报课程体系、心理压力评估课程体系、心理干预课程体系、心理干预效果评估课程体系等;培训师资包括生活事件提报培训师资、心理压力评估培训师资、心理干预培训师资和心理干预效果评估培训师资等;培训形式既包括正式的课堂培训,也包括网上远程培训、自学等,在实施过程中可根据实际情况确定。煤炭企业人因失误预控管理文化教育体系具体内容见表7-2。

（3）煤矿文化宣传网络构建

企业文化宣传网络的构成工作主要包括:① 在煤炭企业网站上开辟企业文化专栏;② 创办《煤矿人因失误预控管理文化内刊》,着重报道煤炭企业人因失误预控管理建设动态和经验、重点宣传先进人物和先进事迹;③ 设计文化张贴和文化展板;④ 组织丰富多彩的企业文化主题活动。

表 7-2　　　　　　　**煤炭企业人因失误预控管理文化建设实施体系**

预控管理内容	培训对象	课程体系	培训师资	培训形式
生活事件提报	生活事件提报培训对象	生活事件提报课程体系	生活事件提报培训师资	生活事件提报培训形式
心理压力评估	心理压力评估培训对象	心理压力评估课程体系	心理压力评估培训师资	心理压力评估培训形式
心理干预	心理干预培训对象	心理干预课程体系	心理干预培训师资	心理干预培训形式
心理干预效果评估	心理干预效果评估培训对象	心理干预效果评估课程体系	心理干预效果评估培训师资	心理干预效果评估培训形式

7.3.3　文化教育体系实施

围绕煤矿事故中人因失误预控管理文化落地,在文化宣贯、文化培训、制度建设和考核等各个方面展开,将煤矿事故中人因失误预控管理企业文化建设在理念层、制度层、行为层和物质层上全方位纵深推进。

(1)以宣贯、培训为主要形式,使煤矿工人认同、外部认知企业文化的核心理念。通过文化宣传网络及时对内宣传煤矿事故中人因失误预控管理文化建设的先进经验和在人因失误预控管理工作中涌现出来的先锋模范人物;要制作一系列的煤矿事故中人因失误预控管理文化专题宣传片,策划并开展有关生活事件提报、心理压力评估、心理干预和心理干预效果评估等文化主题活动。对外宣传,主要针对煤矿工人的生活事件提报主体做好宣传和教育工作,使其全力配合煤炭企业人因失误预控管理工作的开展。通过构建煤矿事故中人因失误预控管理文化教育体系提升煤矿工人心理健康理念,提升其心理抗压能力,提升煤矿事故中人因失误预控管理组织机构工作人员和生活事件提报主体有关人因失误预控工作的知识和技能,确保人因失误预控管理体系的有效实施。

(2)以文化教育考核和基于文化教育考核的奖惩为突破口,提升煤矿工人及人因失误预控管理责任主体在实施人因失误预控管理工作中的积极性和主动性。主要工作包括:制定更加细化和更具可操作的人因失误预控管理工作规范;将煤矿工人对人因失误预控管理文化的认同度和与行为准则相符度纳入所有个人的KPI,实施基于文化教育的考核;根据考核结果,进行基于文化的奖惩。

(3)煤矿事故中人因失误预控管理文化建设工作要在推进中不断总结、不断完善和不断提升。主要工作包括:重视审视人因失误预控管理文化纲要,修订完善人因失误预控管理文化文本;纵深推进人因失误预控管理文化制度化,并使之在推进中不断完善和提升;进一步完善宣传体系、培训体系和监控体系,使之渐趋完善;继续推进并完善文化考核和文化奖惩机制。

7.4　软件平台保障设计

为确保煤矿事故中人因失误预控管理对策的有效实施,本书主要运用先进的信息系统开发技术,设计开发"煤矿事故中人因失误预控管理软件系统"。

7.4.1　煤矿事故中人因失误预控管理软件系统技术

煤矿事故中人因失误预控管理软件系统的分析与设计采用"面向对象的分析与设计技术";软件开发采用先进的面向 Internet/Intranet 网络应用开发工具 Visual Studio 2008;基于强大的.NET 开发平台,采用大型 SQL SERVER 数据库和 C♯作为开发语言,将煤矿事故中人因失误预控管理的各项工作融为一体,实现实时、高效的管理,充分提高安全管理的效率和效果。整个系统架构采用 C/S+B/S 模式,即业务处理主要采用 C/S 结构,综合查询以 B/S 结构为主。

（1）采用 SQL Server 作为后台数据库

SQL Server 是一个全面的、集成的、端到端的数据解决方案,支持结构化和非结构化(XML)数据,提供了安全、可靠、可伸缩、高性能的关系型数据库引擎。其提供的工具和服务包括复制、通知、集成、报表等。

（2）采用 Visual Studio 2008 作为开发平台

Microsoft Visual Studio 2008 嵌入了.NET Framework 3.5 的新框架,是在.NET Framework 2.0 的架构上改进而成的。它是一套完整的开发工具,用于生成 ASP.NET Web 应用程序、XML Web Services、桌面应用程序和移动应用程序。Visual Basic.NET、Visual C++.NET、Visual C♯.NET 和 Visual J♯.NET 全都使用相同的集成开发环境（IDE）,该环境允许它们共享工具并有助于创建混合语言解决方案。另外,这些语言利用了.NET Framework 的功能,此框架提供对简化 ASP.NET Web 应用程序和 XML Web Services 开发的关键技术的访问。

（3）采用 C♯ 2.0 作为后台开发语言

C♯是一种新的编程语言,它是为生成运行在.NET Framework 上的、广泛的企业级应用程序而设计的。它是一种简单但功能强大的编程语言,用于编写企业应用程序,是从 C 和 C++语言演化而来的。它在语句、表达式和运算符方面使用了许多 C++功能,在类型安全性、版本转换、事件和垃圾回收等方面进行了相当大的改进和创新。它还提供对常用 API（如.NET Framework、

COM、自动化和 C 样式 API 等）的访问。它还支持 unsafe 模式，在此模式下可以使用指针操作不受垃圾回收器控制的内存。

（4）采用 IIS 6.0 作为 Web 应用服务器

应用服务器是网络环境中应用程序的高层运行平台，它可使应用系统的代码更为简洁，开发更为方便。应用服务器被认为是继操作系统、数据库管理系统之后，随着计算机网络环境的发展而出现的里程碑式的基础软件。考虑到服务器操作系统是微软的 Windows NT，本系统采用微软的 IIS 6.0 作为 web 应用服务器。

7.4.2 煤矿事故中人因失误预控管理软件系统功能设计

为确保煤矿事故中人因失误预控管理对策中的生活事件提报机制、心理压力评估机制、心理干预机制和心理干预评估机制的有效实施，并配合预控管理的宣传教育及日常管理，本书设计开发"煤矿事故中人因失误预控管理软件系统"，该系统包括首页新闻、基础信息管理、生活事件提报、心理压力评估、心理干预和心理干预效果评估等功能模块，如图 7-3 所示。

（1）首页新闻功能模块

首页新闻功能模块包括新闻发布功能、通知发布功能和文件上传下载功能。首页新闻发布功能模块主要是为在文化宣传教育中发布与基于生活事件中煤矿人因失误预控管理有关的各类新闻信息、通知，及相关文件管理功能，是宣传教育的信息发布渠道和相关信息的管理平台。

（2）基础信息管理模块

基础信息管理模块主要包括用户权限、煤矿工人基础信息、生活事件提报主体和生活事件条目等管理功能。该模块主要实现软件系统中各类基础信息的增加、删除、修改和查询等日常维护和管理功能，为软件系统有效运行提供基础信息。

（3）生活事件提报功能模块

生活事件提报功能模块主要包括对生活事件信息的录入、删除、查询和修改，实现对生活事件信息的有效管理，从而形成煤矿工人生活事件数据库，为心理压力评估提供基础信息。

（4）心理压力评估功能模块

心理压力评估功能模块主要包括心理压力评估计算功能和评估报表生成功能，高效实现煤矿工人生活事件量表累积改变单位的计算和阈值比较，并生成评估报表，从而有效筛选出心理压力过大的煤矿工人，为心理干预提供科学的依据和基础信息。

（5）心理干预功能模块

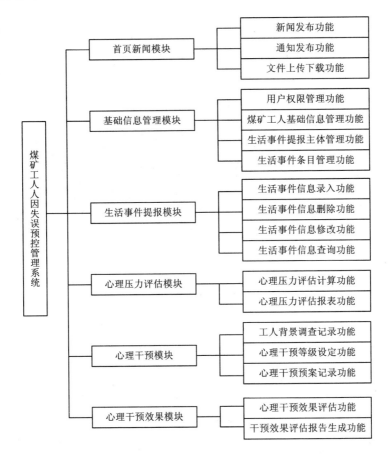

图 7-3 煤矿事故中人因失误预控管理系统功能模块

心理干预功能模块主要实现煤矿工人背景调查记录和维护功能、心理压力等级设定功能、心理压力预案记录和维护功能等。该模块主要记录心理干预过程所产生的各类信息,为心理干预效果评估和心理干预改善提供基础资料。

（6）心理干预效果评估功能模块

心理干预效果评估模块主要实现心理干预效果评估功能和心理干预效果评估报告生成功能,实现心理干预效果评估量表的计算与统计分析,并形成心理干预效果评估报告,以便有效改善煤矿工人心理干预方案,从而达到有效干预的目标。

7.4.3 煤矿事故中人因失误预控管理系统界面实现

（1）首页新闻功能模块界面设计

首页新闻功能模块实现煤矿工人人因失误相关新闻报道和通知的发布功能,以及相关文件的上传下载后的后台管理,并且以美观友好的前台界面向煤矿工人展现系统发布各类新闻信息和通知,界面设计如图 7-4 所示。

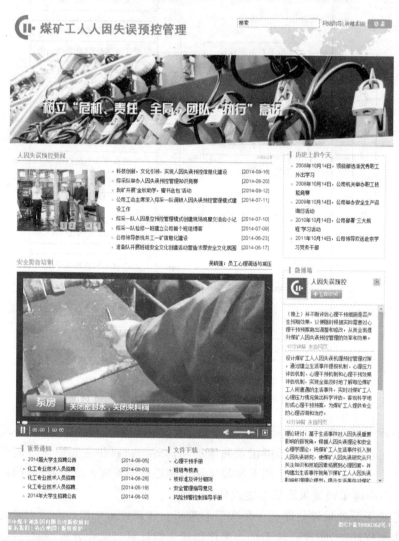

图 7-4　首页新闻功能模块界面

(2)基础信息管理模块界面设计

基础信息管理模块主页界面分为左右两部分,左侧为具体的功能模块列表,右侧为功能显示。本软件后台系统主页界面设计如图 7-5 所示;生活事件条目管理功能界面设计如图 7-6 所示；生活事件提报主体管理功能界面设计如图 7-7 所示。

心理压力强度	干预等级	心理干预				选中
		工作干预	干预强度	干预频次	干预时间长度	
LCU ≤ 78	Ⅰ	不干预	小	低	短	
78 < LCU ≤ 124	Ⅱ	不干预	适中	适中	短	
124 < LCU ≤ 162	Ⅲ	不干预	大	适中	适中	
162 < LCU ≤ 197	Ⅳ	干预并调整工作内容	大	高	适中	
LCU > 197	Ⅴ	休假	大	高	长	

图 7-5 系统后台主页界面

生活事件条目管理

	操作	序号	代码	生活事件	LCU值	影响时间长度
1	修改 删除	44	E16	工作过度劳累导致体力不支	12	3
2	修改 删除	43	E9	娱乐活动过度导致精力不支!	15	3
3	修改 删除	42	E8	过量饮酒导致身体机能下降!	17	4
4	修改 删除	41	E17	生病（发烧、感冒、牙痛等一	19	5
5	修改 删除	40	E47	邻里之间发生纠纷	21	7
6	修改 删除	39	E48	与朋友发生严重纠纷	22	9
7	修改 删除	38	E43	与非直系亲属发生纠纷	24	9
8	修改 删除	37	E23	遭遇恶劣的工作环境	25	6
9	修改 删除	36	E14	倒班导致睡眠重大改变	26	10
10	修改 删除	35	E7	倒班导致夫妻生活障碍	28	15
11	修改 删除	34	E46	好友重病	29	20
12	修改 删除	33	E45	好友亡故	30	27
13	修改 删除	32	E34	' 被亲友误会、错怪、诬告	32	9
14	修改 删除	31	E18	非直系亲属病重	33	7
15	修改 删除	30	E10	非直系亲属亡故	35	16
16	修改 删除	29	E21	直系亲属夫妻之间感情破裂	36	87
17	修改 删除	28	E31	与直系亲属发生纠纷	37	37
18	修改 删除	27	E13	绩效考核不理想	39	17
19	修改 删除	26	E51	上当受骗	40	26
20	修改 删除	25	E30	夫妻之间发生争执	41	9
21	修改 删除	24	E27	重要物品遗失	42	22

30 ▼ 1 / 2 显示从1到30，总 44 条 。每页显示：30

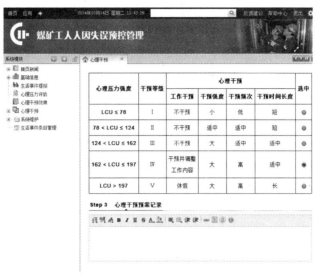

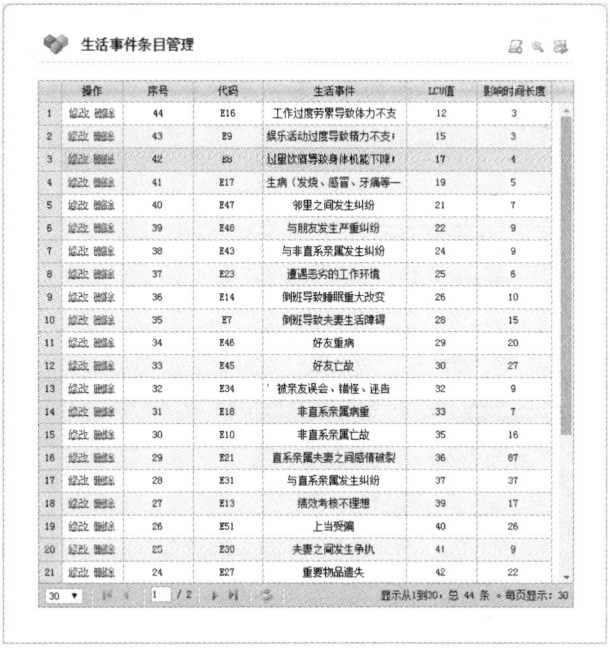

图 7-6 生活事件条目管理界面

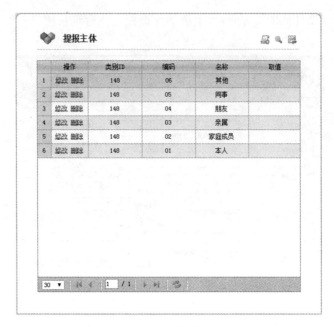

图 7-7　提报主体管理界面

（3）生活事件提报功能模块界面设计

生活事件提报功能模块界面主要包括标题信息、事件类别选择、事件时间、关联职工、事件说明等内容，界面如图 7-8 所示。

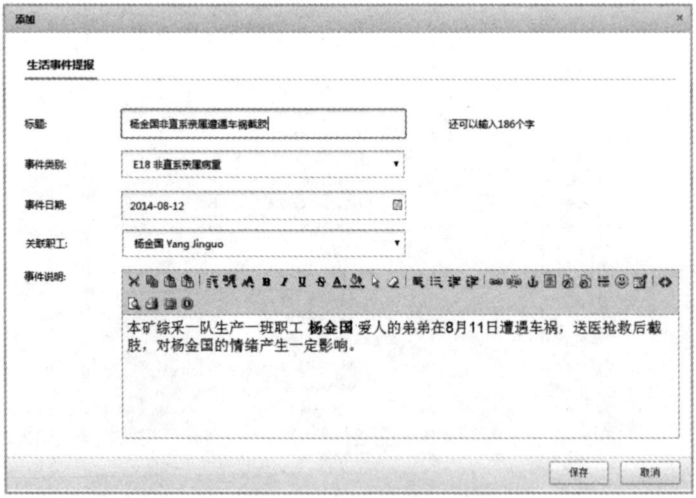

图 7-8　生活事件提报功能模块界面

（4）心理压力评估功能模块界面设计

心理压力评估功能模块界面主要包括三部分显示模块：第一部分显示模块主要包括煤矿工人基本信息、生活事件改变单位累计值和评估结果；第二部分显示模块主要包括生活事件列表；第三部分显示模块主要包括重新评估和报表生产功能。界面如图7-9所示。

杨金国 *Yang Jinguo*

综采一队生产一班

生活事件改变
单位累计值：184

评估结果

⚠ 与 阈值 比较，生活事件改变单位累计值在区间 [162，197] 之内，人因失误率较高，请参考相应 防范措施 进行 心理干预 。

生活事件列表

日期	事件	提报方式	量值	操作
2014-09-08	E49 和上级发生冲突	软件	70	查看详细
2014-09-01	E23 遭遇恶劣的工作环境	软件	25	查看详细
2014-08-16	E13 绩效考核不理想	微信	39	查看详细
2014-08-02	E18 非直系亲属病重	软件	33	查看详细
2014-07-23	E8 过量饮酒导致身体机能下降	手机	17	查看详细

重新评估　　　生成报表

图 7-9　心理压力评估功能模块

（5）心理干预功能模块界面设计

心理干预功能模块界面主要包括四部分显示模块：第一部分显示模块主要包括煤矿工人基本信息、目前人因失误率情况和心理干预等级；第二部分显示模块主要包括煤矿工人背景调查记录；第三部分显示模块主要包括心理压力干预等级设定；第四部分心事模块主要包括心理干预预案记录。界面如图7-10所示。

（6）心理干预效果评估功能模块界面设计

心理干预效果评估功能模块界面主要包括三部分显示模块：第一部分显示模块主要包括煤矿工人基本信息、目前人因失误率情况、评估日期和心理干预效果评估的次数；第二部分显示模块主要包括心理干预效果评估表；第三部分显示模块主要包括心理干预调整方案记录表。界面如图7-11所示。

杨金国 Yang Jinguo

综采一队生产一班

人因失误率　［较高］

心理干预等级　［Ⅳ］

当前 杨金国 的生活事件累计值在区间 (162, 197] 之间，人因失误率较高，需对其作业的任务做出调整，使其从事作业安全系数相对较高、体力消耗相对较低的工作，从而减少由于人因失误而导致的作业事故。具体步骤如下：

Step 1　员工背景调查记录

Step 2　心理干预等级设定

| Ⅰ | Ⅱ | Ⅲ | **Ⅳ** | Ⅴ |

心理压力强度	干预等级	心理干预				选中
		工作干预	干预强度	干预频次	干预时间长度	
LCU ≤ 78	Ⅰ	不干预	小	低	短	◉
78 < LCU ≤ 124	Ⅱ	不干预	适中	适中	短	◉
124 < LCU ≤ 162	Ⅲ	不干预	大	适中	适中	◉
162 < LCU ≤ 197	Ⅳ	干预并调整工作内容	大	高	适中	◉
LCU > 197	Ⅴ	休假	大	高	长	◉

Step 3　心理干预预案记录

保 存

图 7-10　心理干预功能模块

图 7-11　心理干预效果评估功能模块界面

7.5　本章小结

本章根据生活事件提报机制、心理压力评估机制、心理干预机制和心理干预效果评估机制等煤矿事故中人因失误预控管理对策需求,设计了组织机构保障体系、管理制度保障体系、文化教育保障体系和软件平台支撑体系等四项人因失误预控保障对策,从而确保生活事件视角下煤矿事故中人因失误预控管理对策得到高效的贯彻和执行,为煤炭企业有效降低煤矿事故中人因失误提供保障机制和运行平台。

8 研究结论、创新点与研究展望

8.1 主要研究结论

本书基于生活事件对煤矿事故中人因失误的重要影响,以煤矿工人生活事件为研究对象,以"生活事件—心理压力—个体机能下降—人因失误"为研究主线,厘清了生活事件视角下煤矿事故中人因失误致因机理,明确了生活事件引发煤矿工人人因失误的传导路径,设计了生活事件对人因失误影响的量化方法,架构了生活事件视角下煤矿事故中人因失误预控管理及保障体系。本书主要研究结论包括以下几个方面:

(1) 生活事件视角下煤矿事故中人因失误的致因机理可概括为"三个阶段"和"四大要素",三个阶段是指:生活事件导致心理压力阶段、心理压力导致个体机能下降阶段和个体机能下降导致人因失误阶段;四大要素是指:生活事件、心理压力、个体机能和人因失误。生活事件视角下煤矿事故中人因失误的致因机理具体表述为:在遭受生活事件后,煤矿工人根据其认知特征对生活事件精神影响程度、改变程度、处理能力等作出认知评价,并以认知评价为基础采取问题取向应对和情绪取向应对,若应对失败,导致煤矿工人产生心理压力,受心理压力影响使其心理机能和生理机能下降,进而导致煤矿工人作业过程中感知过程失误、识别判断过程失误和行为操作过程失误。

(2) 生活事件对煤矿工人人因失误影响效应值为 0.625 1,其影响效果显著。具体的致因路径包括三条:"生活事件—心理压力—心理机能—感知过程失误—识别判断过程失误—行动操作过程失误";"生活事件—心理压力—心理机能—识别判断过程失误—行动操作过程失误"和"生活事件—心理压力—生理机能—行动操作过程失误"。

(3) 生活事件对煤矿事故中人因失误的影响存在阈值。当生活事件累积改变单位 $LCCU \leqslant 78$ 时,煤矿工人人因失误率非常低;当 $78 < LCCU \leqslant 124$ 时,人因失误率较低;当 $124 < LCCU \leqslant 162$ 时,人因失误率适中;当 $162 < LCCU \leqslant 197$ 时,人因失误率较高;当 $LCCU > 197$ 时,人因失误率非常高。

(4) 生活事件视角下煤矿事故中人因失误的防控重点在于生活事件导致人因失误,应加强生活事件提报机制、心理压力评估机制、心理干预机制和心理干预效果评估机制建设,实现生活事件实时提报、心理压力客观评估、心理干预科学有效和心理干预方案的及时调整。

8.2　本书的创新之处

(1)本书将生活事件作为煤矿事故中人因失误问题的研究主体,使事故的人因研究前移到对生活事件的认知心理上,弥补了之前在该领域研究的不足,拓展了煤矿人因失误理论研究领域。虽然针对煤矿人因失误的研究很多,但主要集中于人因失误影响因素分析,侧重于强调个体因素对人因失误影响的重要性,忽略了导致个体因素下降原因方面的研究。部分文献强调外界环境刺激对个体因素的影响,但没有把外界环境刺激因素具体化,更没有区分工作八小时之内和工作八小时之外的刺激因素,鲜见基于生活事件等工作八小时之外的刺激因素并结合认知心理学对人因失误致因机理进行系统研究。

(2)构建了生活事件视角下煤矿事故中人因失误致因机理(LPIH)理论模型,并通过实证研究发现了生活事件对人因失误存在显著的正向影响及具体致因路径。该理论模型分为三个阶段构建,确定了四大关键要素,具有分阶段分析和重点防控功能。生活事件对煤矿工人人因失误影响效应值为 0.625 1,其影响路径分别为"生活事件—心理压力—心理机能—感知过程失误—识别判断过程失误—行动操作过程失误";"生活事件—心理压力—心理机能—识别判断过程失误—行动操作过程失误"和"生活事件—心理压力—生理机能—行动操作过程失误",为有效控制煤矿事故中的人因失误以及制定预控管理对策提供着力点和理论基础。

(3)设计了生活事件对煤矿事故中人因失误影响阈值测度方法并确定了影响阈值。结合煤矿工人群体特性开发了包括 19 项社交需求事件、12 项安全需求事件、9 项尊重需求事件和 4 项生理需求事件的煤矿工人生活事件量表,应用离散选择排序模型研究了不同人因失误率情况下生活事件累积改变单位的阈值,据此方法测度出生活事件对煤矿工人人因失误影响阈值,并扩展应用到不同生活事件组合作用下的阈值判断,为科学筛选心理干预对象提供科学依据,并有助于推动煤矿人因失误定量研究进程。

8.3　研究不足与展望

8.3.1　研究的不足

本书在借鉴已有的研究成果和相关理论的基础之上,通过科学严谨的理论分析与实证研究,取得了一定的研究成果,但是由于基础数据不足等诸多因素的限制,仍有许多方面需要进一步深入研究。本书的研究不足主要体现在以下几个方面:

(1)本书的实证研究主要是通过问卷调查获得基础数据的,由于客观条件制约,问卷调查仅在国有大型煤炭企业针对一线工人展开,由于不同地域、不同规模、不同性质的煤炭企业的工人在年龄结构、文化水平、生活环境等方面存在一定的差异,因此本问卷调查样本范围和分布有待进一步完善和细化。本书研究结论适用于国有大型现代化煤炭企业,而对于私营小型煤炭企业的适用性有待进一步验证。

(2)煤矿工人的气质、年龄、学历、婚姻状况、家庭情况等因素对生活事件量表有着直接影响,由于时间和精力受限,本书在生活事件量表开发中未能对以上方面进一步细分。

(3)本书调查问卷内容涉及部分隐私性问题,被调研者在填写调查问卷时存在一定的抗拒心理,所有的调研数据具有一定的主观性。尽管本书在研究中对数据的信息和效度进行了检验,但通过调查问卷所获得的数据仍然可能对研究结论的可靠性和准确性带来一定的影响。

8.3.2 展望

为进一步研究煤矿人因失误管理问题,在现有研究的基础上,笔者从以下方面作出一些展望,以期作为未来研究新的起点。

(1)由于技术发展所限,本书只能通过主观评价法获取煤矿工人心理压力情况,所获得的数据具有主观性。随着可穿戴设备和技术的发展,以及在煤矿工人中的应用,能够实现实时监测煤矿工人的生理指标,并能够把煤矿工人的生理指标实时传送到信息处理中心,对煤矿工人心理和生理机能状态作出实时评估,以便及时了解煤矿工人的胜任状态,有助于提高人因失误研究的客观性和准确性。

(2)应进一步从婚姻状况、年龄、受教育水平、气质等方面对煤矿工人进行细分,在细分的基础上获取调查数据并开发煤矿工人生活事件量表,有助于提高煤矿工人生活事件量表的有效性。

(3)应进一步从作业环境、特性、设备等方面对煤矿工人岗位进行细分,获取不同岗位上的人因失误率,并在此基础上确定生活事件累积改变单位的阈值,从而进一步提高作业风险预控的准确性。

附　录

附录1　生活事件视角下煤矿事故中人因失误致因机理调查

尊敬的先生：

非常感谢您在百忙之中填写本问卷。此项调查由中国矿业大学管理学院课题组进行,旨在进行"生活事件视角下煤矿事故中人因失误致因机理调查"的学术研究。恩请您抽出宝贵的 20 分钟左右的时间作答,您慷慨的支持和帮助对该研究的意义极其重大!

您的意见和看法将仅用于学术目的,问卷调查不会泄露个人隐私及公司商业机密。如果您觉得问卷中有意思表达不清楚的,请按您的理解填写。由于调查的样本数量有限,每一份问卷都十分宝贵,任何一个小的疏漏都可能导致问卷无法使用,敬请您尽量填写全部问题,这对我们研究至关重要。

再次衷心感谢您的支持和帮助!

请根据您近一年内所遭遇的生活事件及遭遇事件后的实际反应情况进行填写,并在相应的数字选项上打"√"。

		非常不同意	不同意	不确定	同意	非常同意
生活事件						
A1	您所遭遇的生活事件对您来说精神影响程度非常大	1	2	3	4	5
A2	您所遭受的生活事件给您的生活带来非常大的改变	1	2	3	4	5
A3	您所遭遇的生活事件对您的影响时间超过 7 天	1	2	3	4	5
认知评价						
B1	您具备很好的社会支持系统来解决所遭遇的生活事件	1	2	3	4	5

		非常 不同意	不同意	不确定	同意	非常 同意
B2	您具备解决所遭遇生活事件的能力	1	2	3	4	5
B3	您解决问题的态度积极向上	1	2	3	4	5
应对						
C1	您认为您采取的应对措施非常合理	1	2	3	4	5
C2	通过您的积极应对,已经解决生活事件所给您带来的各种困扰	1	2	3	4	5
C3	在遭受生活事件后,您积极进行适应性调节,已经适应生活事件给您生活带来的改变	1	2	3	4	5
C4	在遭受生活事件后,通过积极应对,您的心理状态已经恢复平衡	1	2	3	4	5
心理压力						
D1	在遭遇生活事件刺激后,您出现国烦躁、恐惧、焦虑、抑郁等现象,情绪非常紊乱	1	2	3	4	5
D2	在遭遇生活事件刺激后,您出现过语言混乱、经常忘记事情等现象,思维非常紊乱	1	2	3	4	5
D3	在遭遇生活事件刺激后,您的身体机能非常紊乱	1	2	3	4	5
D4	在遭遇生活事件刺激后,您的行为非常紊乱	1	2	3	4	5
心理机能						
E1	自遭遇生活事件以来,您能够把注意力集中在作业过程中,作业过程中很少分心	1	2	3	4	5
E2	自遭遇生活事件以来,您的意志力强,能够有意识地抵御外界不利干扰,确保工作顺利完成	1	2	3	4	5
E3	自遭遇生活事件以来,工作中头脑清醒,反应敏捷,没有出现意识混乱或恍惚等现象	1	2	3	4	5
E4	自遭遇生活事件以来,您有较高工作意欲	1	2	3	4	5
E5	自遭遇生活事件以来,您有较高工作责任感					
E6	自遭遇生活事件以来,您作业中大多数情况下能够及时准确地获取作业指令信息和作业环境信息	1	2	3	4	5

		非常 不同意	不同意	不确定	同意	非常 同意
E7	自遭遇生活事件以来,您作业中大多数情况能够及时准确回忆起工作相关知识和经验	1	2	3	4	5
E8	自遭遇生活事件以来,您作业中大多数情况能够及时合理的综合分析各类信息,并作出正确决策	1	2	3	4	5
生理机能						
F1	您身体基本条件(身高、体重、臂展、心肺功能等)能够胜任作业要求	1	2	3	4	5
F2	自遭遇生活事件以来,您作业中大多数情况能够准确高效地执行作业任务	1	2	3	4	5
F3	自遭遇生活事件以来,您作业过程中体力充沛	1	2	3	4	5
F4	自遭遇生活事件以来,您作业过程中耐力充沛					
感知过程失误						
G1	自遭遇生活事件以来,您作业中经常出现由于无法及时获取作业指令和作业环境信息而导致的失误	1	2	3	4	5
G2	自遭遇生活事件以来,您作业中经常出现由于无法准确获取作业指令和作业环境信息而导致的失误	1	2	3	4	5
G3	自遭遇生活事件以来,您作业中经常出现由于无法全面获取作业指令和作业环境信息而导致的失误	1	2	3	4	5
识别判断过程						
H1	自遭遇生活事件以来,您作业中经常出现由于无法及时获取记忆信息而导致的失误	1	2	3	4	5
H2	自遭遇生活事件以来,您作业中经常出现由于无法准确获取记忆信息而导致的失误	1	2	3	4	5
H3	自遭遇生活事件以来,您作业中经常出现由于无法及时作出综合判断而导致的失误	1	2	3	4	5
H4	自遭遇生活事件以来,您作业中经常出现由于无法正确作出综合判断而导致的失误	1	2	3	4	5

续表

		非常 不同意	不同意	不确定	同意	非常 同意
行动操作过程失误						
I1	自遭遇生活事件以来,您作业中经常出现由于 行动操作准确性下降而导致的失误	1	2	3	4	5
I2	自遭遇生活事件以来,您作业中经常出现由于 行动操作敏捷性下降而导致的失误	1	2	3	4	5
I3	自遭遇生活事件以来,您作业中经常出现由于 行动操作协调性下降而导致的失误	1	2	3	4	5
I4	自遭遇生活事件以来,您作业中经常出现由于 行动操作连续性下降而导致的失误	1	2	3	4	5

附录2　生活事件条目调查问卷

尊敬的先生:

非常感谢您在百忙之中抽时间填写本问卷。此项调查由中国矿业大学管理学院课题组进行,旨在进行关于"生活事件条目调查问卷"的学术研究。

生活事件是指个体生活中发生并引起个人情绪波动的,需要一定心里适应的事件。生活负事件会引起员工产生悲伤、愤怒和恐惧情绪,使员工的情绪发生较大的波动,例如夫妻分离、亲友亡故、严重的财产损失、健康状况事件、生活或工作压力事件等,这些事件无疑会对员工的作业可靠性产生不利影响,增加员工产生无意识违章现象,甚至会导致事故。请您抽出宝贵时间认真填写您能列出的生活负事件。谢谢!

请您列出如果发生在您或您同事生活中,给您或您同事生活带来影响或困扰的事件:

(1) 例如:夫妻双方离婚＿＿＿＿＿＿＿＿＿＿＿＿＿＿＿＿＿＿

(2) 例如:夫妻长期分居＿＿＿＿＿＿＿＿＿＿＿＿＿＿＿＿＿＿

(3) ＿＿＿＿＿＿＿＿＿＿＿＿＿＿＿＿＿＿＿＿＿＿＿＿＿＿＿

(4) ＿＿＿＿＿＿＿＿＿＿＿＿＿＿＿＿＿＿＿＿＿＿＿＿＿＿＿

(5) ＿＿＿＿＿＿＿＿＿＿＿＿＿＿＿＿＿＿＿＿＿＿＿＿＿＿＿

(6) ＿＿＿＿＿＿＿＿＿＿＿＿＿＿＿＿＿＿＿＿＿＿＿＿＿＿＿

(7) ＿＿＿＿＿＿＿＿＿＿＿＿＿＿＿＿＿＿＿＿＿＿＿＿＿＿＿

附录3　生活事件量表调查问卷

尊敬的先生：

非常感谢您在百忙之中抽时间填写本问卷。此项调查由中国矿业大学管理学院课题组进行，旨在进行关于"生活事件条目调查问卷"的学术研究。

指导语：下面是每个人都有可能遇到的一些日常生活事件。请根据自己的实际情况填写以下生活事件对自己的精神影响程度、发生的频次和影响的时间，填表不记姓名，完全保密。请在精神影响程度和事件发生频次调查表中最合适的答案上打钩，事件的影响时间根据个人记忆填写影响时间区间。

序号	生活事件条目	精神影响程度					事件发生的频次					影响时间
		毫无影响	有些影响	一般影响	严重影响	极重影响	极少发生	较少发生	偶尔发生	经常发生	总是发生	( )天～( )天
	例:邻里纠纷				√					√		7～15
E1	夫妻离婚											
E2	丧偶											
E3	直系亲属亡故											
E4	个人体检查出严重疾病											
E5	工作岗位调整导致工作困难											
E6	夫妻感情破裂											
E7	倒班导致夫妻生活障碍											
E8	过量饮酒导致身体机能下降											
E9	娱乐活动过度导致精力不支											
E10	非直系亲属亡故											
E11	直系亲属病重											
E12	面临重要考试,学习困难											
E13	绩效考核不理想											
E14	倒班导致睡眠重大改变											
E15	住宿环境恶劣											

序号	生活事件条目	精神影响程度					事件发生的频次					影响时间
		毫无影响	有些影响	一般影响	严重影响	极重影响	极少发生	较少发生	偶尔发生	经常发生	总是发生	( )天~( )天
E16	工作过度劳累导致体力不支											
E17	生病(发烧、感冒、牙痛等一般小病)											
E18	非直系亲属病重											
E19	直系亲属面临刑事处罚											
E20	直系亲属离婚											
E21	直系亲属的夫妻感情破裂											
E22	领导调整无法适应											
E23	遭遇恶劣的工作环境											
E24	饮食条件恶劣											
E25	意外事故导致财产损失											
E26	投资失败导致财产损失											
E27	重要物品遗失											
E28	子女难于管教											
E29	遭受恶劣天气											
E30	子女学习困难											
E31	与直系亲属发生纠纷											
E32	个人或直系亲属面临恐吓											
E33	本人名誉受损											
E34	被亲友误会、错怪、诬告											
E35	被上级严厉的批评											
E36	遭受亲朋好友的鄙视和嘲讽											
E37	介入法律纠纷											
E38	面临严重的经济压力											
E39	夫妻之间发生争执											
E40	个人升职受挫											
E41	遭受交通拥挤											
E42	亲人不认同个人所作出的贡献或成就											
E43	与非直系亲属发生纠纷											
E44	收入显著下降											

序号	生活事件条目	精神影响程度					事件发生的频次					影响时间
		毫无影响	有些影响	一般影响	严重影响	极重影响	极少发生	较少发生	偶尔发生	经常发生	总是发生	( )天~( )天
E45	好友亡故											
E46	好友重病											
E47	邻里之间发生纠纷											
E48	与朋友发生严重纠纷											
E49	和上级冲突											
E50	严重差错或事故,面临行政处罚或罚款											
E51	上当受骗											
E52	工作量增加											
E53	借款导致财产损失											

参 考 文 献

[1] 国家安全生产监督管理总局.2013 年煤矿百万吨死亡率降至 0.293 [EB/OL].中国煤炭新闻网.http://www.cwestc.com/newshtml/ 2014-1-9/316029.shtml,2014-1-9.

[2] 国家安全生产监督管理总局信息研究院.煤矿安全生产与经济社会发展研究报告[R].北京:国家安全生产监管局,2014.

[3] REASON J. A systems approach to organizational error[J]. Ergonomics, 1995,38(8):1708-1721.

[4] 陈余华.海因里希法则与事故隐患[J].科技与生活,2011(1):225.

[5] REASON J. Human Error UK[M]. Cambridge:Cambridge university Press,1990.

[6] 林泽炎,徐联仓.煤矿事故中人的失误及其原因分析[J].人类工效学, 1996(2):17-20.

[7] 李宪杰.煤矿安全事故原因分析及防范对策[J].内蒙古煤炭经济, 2001(3):39-42.

[8] 宋守信,武淑平.电力安全人因管理[M].北京:中国电力出版社,2008.

[9] 张力,王以群.人因分析:需要、问题和发展趋势[J].系统工程理论与实践,2001(6):13-19.

[10] 廉士乾,张力,王以群,等.人因失误机理及原因因素研究[J].工业安全与环保,2007(11):46-48.

[11] 赵洪广,王爱国.当前我国煤矿安全事故原因浅析[J].煤炭经济研究, 2005(1):72-73.

[12] 田水承.从三类危险源理论看煤矿事故的频发[J].中国安全科学学报,2007(1):10-15.

[13] RABKIN JUDITH G,STRUENING ELMER L. Life events,Stress, and Illness[J]. Science,1976(12):1013-1020.

[14] HOLMES T H,RAHE R H. The social readjustment rating scale[J]. Journal of Psychosomatic Research,1967(11):213-218.

[15] BENSONA MYERS A,COMPAS BRUCE E,LAYNE CHRISTOPHER M, et al. Measurement of post-war coping and stress responses:A study of

Bosnian adolescents[J]. Journal of Applied Developmental Psychology,2011,
32(6): 323-335.

[16] POITRAS VERONICA J, PYKE KYRA E. The impact of acute
mental stress on vascular endothelial function:Evidence,mechanisms
and importance[J]. International Journal of Psychophysiology,2013,
88(2): 124-135.

[17] DRAKE KIM E. The role of trait anxiety in the association between
the reporting of negative life events and interrogative suggestibility
[J]. Personality and Individual Differences,2014,60:54-59.

[18] 李心天. 医学心理学[M]. 北京:人民卫生出版社,1991.

[19] 李月. 大学生生活事件与焦虑情绪的相关研究[J]. 白城师范学院学
报,2008(4):104-108.

[20] SKALLE P, AAMODT A, LAUMANN K. Integrating human related
errors with technical errors to determine causes behind offshore accidents
[J]. Safety Science,2014,63:179-190.

[21] 李虹. 压力应对与大学生心理健康[M]. 北京:北京师范大学出版
社,2004.

[22] CULLEN F T. Social support as an organizing concept for Criminology:
Presidential address to the academy of criminal justices sciences[J].
Justices Quarterly,1994,11(4):527-559.

[23] AMIRKHAN J. Criterion validity of a coping measure[J]. Journal of
Personality Assessment, 1994,62(2):242-244.

[24] CLARKE S. Contrasting perceptual, attitudinal and dispositional
approaches to accident involvement in the workplace [J]. Safety
Science,2006,44(6):537-550.

[25] LAZARUS R S,FOLKMAN S. Stress, appraisal and coping[M].
New York:Springer,1984.

[26] KENDLER K S, HETTEMA J M, BUTERA F, et al. Life event
dimensions of loss, humiliation, entrapment, and danger in the
prediction of onsets of major depression and generalized anxiety[J].
Archives of General Psychiatry,2003,60(8):789-796.

[27] 阿瑟·S. 雷伯. 心理学词典[M]. 李伯黍,等译. 上海:上海译文出版
社,1996.

[28] 张春兴. 现代心理学[M]. 上海:上海人民出版社,2009.

[29] 龚勋. 湖南省高校大学生心理压力感、人格特征与应对方式及其关系的研究[D]. 长沙：中南大学，2010.

[30] 刘克善. 心理压力的涵义与特性[J]. 衡阳师范学院学报（社会科学），2003(1)：102-106.

[31] 姜乾金. 压力（应激）系统模型：解读婚姻[M]. 杭州：浙江大学出版社，2011.

[32] 欧金华. 硕士研究生心理压力分析及其管理策略研究[D]. 桂林：广西师范大学，2010.

[33] 黄希庭. 心理学[M]. 上海：上海教育出版社，1997.

[34] 张厚粲. 大学心理学[M]. 北京：北京师范大学出版社，2004.

[35] 傅维利，刘磊. 论教育改革中的教师压力[J]. 中国教育学刊，2004(3)：1-5.

[36] PAYKEL E S. Life events and affective disorders[J]. Acta Psychiatrica Scandinavica，2003，108(418)：61-66.

[37] 陈宝智，王金波. 安全管理[M]. 天津：天津大学出版社，1999.

[38] RIGBY L. The nature of human error[C]//Annual technical conference Transactions of the ASQC. Milwaukee，1970.

[39] 张锦，张力. 人因失效模式、影响及危害性分析[J]. 南华大学学报（理工版），2003(2)：35-38，42.

[40] SWAIN A D，GUTTMANN H E. Handbook of human-reliability analysis with emphasis on nuclear power plant applications[R]. NUREG/CR-1278，1983.

[41] SENDERS J W，MORAY N P. Human error：Cause，Prediction，and Reduction[M]. Mahwah：Lawrence Erlbaum Associates，1991.

[42] THEMES. Report on updated list of methods and critical description[R]. WP4，D4.1.2001.

[43] ROTHBLUM A M. Human error and marine safety[J]. U.S. Coast Guard research & Development Center，2001(4)：1996.

[44] 李鹏程. 一种结构化的人误原因分析技术及应用研究[D]. 衡阳：南华大学，2006.

[45] 张力. 概率安全评价中人因可靠性分析技术[M]. 北京：原子能出版社，2006.

[46] 武淑平. 电力企业生产中人因失误影响因素及管理对策研究[D]. 北京：北京交通大学，2009.

[47] FRIIS R H, WITTEHEN H U, PFISTER H, et al. Life events and changes in the course of depression in young adults[J]. European Psychiatry, 2012, 17(5):241-253.

[48] COOPER S E, RAMEY-SMITH A M, WREATHALL J P, et al. A Technique for Human Error Analysis (AHEANA)[R]. NUREG/CR-6350, 1996.

[49] 肖国清,陈宝智. 人因失误的机理及其可靠性研究[J]. 中国安全科学学报,2001(1):22-26.

[50] HNNAMANA G W, SPURGIN A J, LUKIC Y. et al. Human cognitive reliability model for PRA analysis[R]. NUS-4531, 1984.

[51] ANNICK CARNINO, JEAN-LOUIS NICOLET, JEAN-CLAUDE WANNER, et al. Man and Risk[M]. New York: Marcel Dekker Inc, 1989.

[52] 王洪德,高玮. 基于人的认知可靠性(HCR)模型的人因操作失误研究[J]. 中国安全科学学报,2006(7):51-56.

[53] 史秀志,杨志强,陆广. 基于层次分析法的 Pedersen 人因失误模型研究[J]. 工业安全与环保,2008(2):25-27.

[54] 陈静,曹庆贵,刘音. 煤矿事故人失误致因模型构建及团队建设安全对策分析[J]. 山东科技大学学报(自然科学版),2010(4):83-87.

[55] 刘朋波,郑明光. 核电厂人因失误分析与人因失误动态作用模型[J]. 核安全,2010(3):51-58.

[56] 戴立操,张力,李鹏程. PSA 中人因失误模型化研究[J]. 中国安全科学学报,2010(3):76-80.

[57] 闫乐林,魏绍敏. 煤矿人因事故的发生机理与防范基础研究[J]. 陕西煤炭,2004(1):14-16.

[58] 魏红州. 煤矿事故人因失误因素的灰色模糊分析与研究[D]. 太原:太原理工大学,2007.

[59] 胡利军,陈建华. 煤矿安全中关键人因失误因素的识别研究[J]. 南华大学学报(社会科学版),2007(3):31-34.

[60] 陈红,祁慧,汪鸥,等. 中国煤矿重大事故中故意违章行为影响因素结构方程模型研究[J]. 系统工程理论与实践,2007(8):127-136.

[61] 王珂. 煤矿事故人因失误因素的动态灰色关联度分析[J]. 山西煤炭,2009(2):23-24.

[62] 常悦,栗继祖. 基于灰色关联理论的煤矿事故人因失误分析[J]. 山东

工商学院学报,2012(3):41-46.

[63] 兰建义,周英.基于层次分析——模糊综合评价的煤矿人因失误安全评价[J].煤矿安全,2013(10):222-225.

[64] 张力,魏振宽.煤矿事故的人因失误原因及控制[J].中国煤炭,2004(7):50-51.

[65] 付相秋,姜安治.论人的不安全行为和人失误[J].石油工业技术监督,2005(6):26-27.

[66] 刘绘珍,张力,王以群.人因失误原因因素控制模型及屏障分析[J].工业工程,2007(6):13-17.

[67] 刘兆霞.矿井提升事故人因失误追溯分析与控制研究[J].煤炭工程,2010(3):83-85.

[68] 王志明.安全管理人因失误机理与控制体系研究[D].成都:西南石油大学,2010.

[69] 刘鹏.煤矿人因事故的分析与探讨[J].甘肃科技,2011(5):72-75.

[70] 张力,王以群.人因分析:需要、问题和发展趋势[J].系统工程理论与实践,2001(6):13-19.

[71] 黄雪竹,郭兰婷,唐光政.青少年情绪和行为问题与生活事件的相关性[J].中华流行病学杂志,2006(3):204-207.

[72] KENDLER K S, HETTEMA J M, BUTERA F, et al. Life event dimensions of loss, humiliation, entrapment, and danger in the prediction of onsets of major depression and generalized anxiety[J]. Arch Gen Psychiatry,2003(8):789-796.

[73] FRANK E, TUXM, ANDERSON B, et al. Effects of positive and negative life events on time to depression on set: an analysis of additives and timing[J]. Psychol Med,1996(3):613-624.

[74] GARNEFSKI N, KAAIJ V, SPINHOVE N P. Negative life events, cognitive emotion regulation and emotional problems[J]. Personality and individual Differenes,2001,30:1311-1327.

[75] 马伟娜,徐华.中学生生活事件、自我效能与焦虑抑郁情绪的关系[J].中国临床心理学杂志,2006(3):303-305.

[76] 李永鑫,周光亚.大学生生活事件与抑郁的交叉滞后分析[J].中国学校卫生,2007(1):28-29.

[77] 高冬东,李晓玉.生活事件与大学生焦虑状况的相关性[J].中国临床康复,2006(42):25-27.

［78］李心天.医学心理学［M］.北京:人民卫生出版社,1991.

［79］陶辰,汪爱勤,扈国栋,等.军校医学研究生心理健康状况和个性特征的分析［J］.第四军医大学学报,2004(9):859-861.

［80］郑延平,赵靖平.医学生紧张性生活事件评定量表:Ⅰ.信度和效度分析［J］.湖南医科大学学报,1989(4):351-356.

［81］王玲,唐红波,郑雪.生活事件、应付方式与心理健康——广州、澳门中小学教师心理健康调查［J］.华南师范大学学报(社会科学版),1994(1):98-103.

［82］陈红敏,赵雷,刘立新.大学生负性生活事件与心理健康关系探讨［J］.中国青年研究,2009(7):92-95.

［83］车文博.当代西方心理学新词典［M］.长春:吉林人民出版社,2001.

［84］余锡祥.江西省大学生压力反应特征的实证研究［D］.南昌:江西师范大学,2005.

［85］MARIS R W. Social and family risk factors in suicidal behavior［J］. Psychiatrclin North Am,1997(20):519-550.

［86］彼得罗夫斯基.心理学辞典［M］.北京:东方出版社,1979.

［87］黄希庭.人格心理学［M］.杭州:浙江教育出版社,2002.

［88］张学浪.研究生心理压力及压力管理研究［D］.成都:四川大学,2007.

［89］LAZARUS R S. Psychological stress and the coping process［J］. New York:McGraw-Hill,2008(5):16-18.

［90］郭永玉.维尔伯的整合心理学［J］.华东师范大学学报(教育科学版),2005(1):51-56.

［91］余锡祥,汪剑.心理压力研究综述［J］.中国校外教育,2008(S1):1353-1354.

［92］HOBFOLL S. Conservation of resource:A new attempt at conceptualize stress［J］. American Psychologist,1989(44):313-357.

［93］李金钊.论教师专业发展的社会支持系统［J］.新德育.思想理论教育(综合版),2005(9):56-60.

［94］李恒.大学生、研究生压力研究综述［J］.科技信息,2010(11):160-161.

［95］姜乾金,黄丽.心理应激:应对的分类与心身健康［J］.中国心理卫生杂志,1993(4):145-147.

［96］姜乾金.压力系统模型与心理危机干预［C］//国家级继续医学教育项目——心理危机现场干预技术与进展.杭州,2011.

[97] WEISSMAN MYRNA M. Standardized interviews for diagnostic assessments of children and adolescents in psychiatric research[J]. Journal of the American Academy of Child & Adolescent Psychiatry, 2011,50(7):633-635.

[98] 汪向东,王希林,马弘,等. 心理卫生评定量表手册[M]. 中国心理卫生杂志,2005.

[99] 张明园. 精神科评定量表手册[M]. 长沙:湖南科学出版社,1993.

[100] 郑延平,杨德森. 中国生活事件调查——紧张性生活事件在正常人群中的基本特征[J]. 中国心理卫生杂志,1990(6):263-267.

[101] 王宇中,冯丽云,张志铭,等. 大中专学生生活事件量表的初步编制[J]. 中国心理卫生杂志,1999,13(4):206-207.

[102] 崔红,郎森阳. 军人生活事件量表的编制[J]. 解放军医学杂志,2010,35(12):1499-1502.

[103] 肖林. 老年人生活事件量表的初步编制[D]. 长沙:中南大学,2007.

[104] 杨心德,蔡李平,张莉. 大学生日常生活事件压力指数的研究[J]. 心理科学,2005(6):1403-1405.

[105] 李小吉,蔡李平. 农村高中生生活事件压力指数的研究[J]. 中小学心理健康教育,2011(9):14-17.

[106] 何旭洪,高佳,黄祥瑞,等. 人的可靠性分析方法比较[J]. 核动力工程,2005(6):627-630.

[107] DOUGHERTY E M. Human reliability analysis—where should estrous turn[J]. Reliability Engineering and System Safety, 1990, 27 (3): 283-299.

[108] 高佳,黄祥瑞,沈祖培. 第二代人的可靠性分析方法的新进展[J]. 中南工学院学报,1999(2):138-149,156.

[109] IANHAMITON W,Theresa Clarke Driver Performance modeling and its Practical application to railway safety[J]. Applied Ergonomies,2005 (36):661-670.

[110] VANDERHAEGEN F. A non-probabilistic prospective and retrospective human reliability analysis method—application to railway system [J]. Reliability Engineering and System Safety,2001,71(1):1-13.

[111] 张力,许康. 人因可靠性分析新方法——ATHEANA:原理与应用[J]. 工业工程与管理,2002(5):14-19.

[112] 高文宇,张力. 人因分析方法 CREAM 及其应用研究[J]. 人类工效

学,2002(4):8-12.

[113] RIWAN B,KENNEDY R,TAYLOR-ADAMS S,et al. The validation of three human reliability quantification techniques-therp heart and Jhedi: Part2-result of validation exercise[J]. Appl Ergon,1997,28(1):17-25.

[114] 张伯敏.铁路安全中的"人—机—环境"问题[J].上海铁道科技,2002(4): 17-18.

[115] 郝贵.煤矿安全风险预控[M].北京:煤炭工业出版社,2013.

[116] 牛强,周勇,王志晓,等.基于自组织神经网络的煤矿安全预警系统[J]. 计算机工程与设计,2006(10):1752-1753,1756.

[117] 李春民,王云海,张兴凯.矿山安全监测预警与综合管理信息系统[J]. 辽宁工程技术大学学报(自然科学版),2007(5):655-657.

[118] 邵长安,李贺,关欣.煤矿安全预警系统的构建研究[J].煤炭技术, 2007(5):63-65.

[119] 吕洁,蒋仲安,万善福.基于主成分信息扩散法的煤炭企业风险预警 方法[J].煤炭学报,2008(4):477-480.

[120] 丁宝成.煤矿安全预警模型及应用研究[D].阜新:辽宁工程技术大 学,2010.

[121] 尹志民.冀中能源股份公司矿井安全风险预控管理体系的研究[D]. 天津:天津大学,2011.

[122] 李凯,曹庆仁.煤矿员工不安全行为综合防控模式研究[J].煤炭工 程,2012(1):115-117.

[123] 于莹.中能源煤炭有限公司安全生产管理体系研究[D].保定:华北 电力大学,2013.

[124] 李珂,陆刚,鹿奎奎,等.煤矿企业人因安全预警方法研究[J].煤炭技 术,2013(10):65-67.

[125] THANH AN NGUYEN,YONG ZENG. A physiological study of relationship between designer's mental effort and mental stress during conceptual design[J]. Computer-Aided Design,2014(54): 3-18.

[126] KRENEK M,MAISTO S A. Life events and treatment outcomes among individuals with substance use disorders: A narrative review [J]. Clinical Psychology Review,2013,33(3):470-483.

[127] REASON J. Human Error[M]. Cambridge: Cambridge University Press,1990.

[128] 栗继祖.安全心理学[M].徐州:中国矿业大学出版社,2012.

[129] 杨进,张进辅,曾维希.大学生心理压力量表的编制[J].西南农业大学学报(社会科学版),2006(3):277-281.

[130] 尹贻勤.煤矿安全心理学[M].徐州:中国矿业大学出版社,2007.

[131] 曹渝,周舟,文迪.湖南煤矿工人心理安全感的影响因素及提升策略[J].企业家天地,2007(3):58-61.

[132] 王晓庄,邓艳慧,钱海东."认知评价"测量在员工心理压力管理中的应用[J].经济与管理,2011(6):61-63.

[133] 李旭培.认知评价在工作压力过程模式中的作用研究[D].北京:首都师范大学,2008.

[134] 曾红.应急与危机心理干预[M].北京:人民卫生出版社,2012.

[135] 毛海峰.安全管理心理学[M].北京:化学工业出版社,2004.

[136] 傅志峰,戴真印.安全心理学初探[J].工业安全与环保,2002(7):40-43.

[137] LAZARUS R S. Psychological Stress and the coping process[J]. New York:McGraw-Hill,1966:38-42.

[138] 张林,车文博,黎兵.大学生心理压力应对方式特点的研究[J].心理科学,2005(1):36-41.

[139] COMPAS B E,CONNOR J K,SALTZMAN H. Coping with stress during childhood and adolescence:Problems, Progress, and potential in theory and research[J]. Psychological Bulletin,2001,127(1):87-127.

[140] 姜乾金,祝一虹.特质应对问卷的进一步探讨[J].中国行为医学科学,1999(3):167-169.

[141] 梁宝勇,刘畅.关于应付的一些思考与实证研究:I.应付的要领模式与效果估价[J].中国临床心理学杂志,1999(3):188-190.

[142] 韦有华,汤盛钦.几种主要的应激理论模型及其评价[J].心理科学,1998(5):441-444.

[143] 金怡,姚本先.生活应激研究现状与展望[J].宁波大学学报(教育科学版),2007(1):33-37.

[144] 栾明翰,李薇,李建明.创伤后应激障碍的研究进展[J].中国健康心理学杂志,2014(1):142-144.

[145] 尚金梅,尹红霞.考试焦虑的心理应激过程[J].湖北教育学院学报,2006(9):84-86.

［146］VERONICA J P, KYRA E P. The impact of acute mental stress on vascular endothelial function: Evidence, mechanisms and importance[J]. International Journal of Psychophysiology, 2013, 8(2):124-135.

［147］邵辉,王凯全. 安全心理学[M]. 北京:化学工业出版社,2004.

［148］郑雪. 人格心理学[M]. 广州:暨南大学出版社,2004.

［149］THEONI KOUKOULAKI. New trends in work environment-New effects on safety[J]. Safety Science, 2010, 48(8):936-942.

［150］马前锋,孔克勤. 人格五因素结构研究的新进展[J]. 心理科学,1997(1):84-86.

［151］吴穹,许开立. 安全管理学[M]. 北京:煤炭工业出版社,2002.

［152］UNTO VARONEN, MARKKU MATTILA. The safety climate and its relationship to safety practices, safety of the work environment and occupational accidents in eight wood-processing companies [J]. Accident Analysis & Prevention, 2000, 32(6): 761-769.

［153］NEELEMAN J. A continuum of premature death. Meta-analysis of competing mortality in the psychosocially vulnerable [J]. Intj Epidermal. 2001, 30(1):154-162.

［154］KIM J. W, JUNG W. A taxonomy of performance influencing factors for human reliability analysis of emergency tasks[J]. Journal of Loss Prevention, 2003, 16(6):479-495。

［155］SHARON C. Safety culture: under-specified and overrated[J]. International Journal of Management Reviews, 2000, 2(1):65-90.

［156］VALTER AFONSO VIEIRA. Stimuli-organism-response framework: A meta-analytic review in the store environment[J]. Journal of Business Research, 2013, 66(9):1420-1426.

［157］金在温,米勒. 因子分析:统计方法与应用问题[M]. 叶华,译. 上海:格致出版社,2012.

［158］周概容. 概率论与管理统计基础[M]. 上海:复旦大学出版社,2001.

［159］HU L, BENTLER P M. Cutoff criteria for fit indices in covariance structure analysis: Conventional criteria versus new alternatives [J]. Structural Equation Modeling, 1999, 6:1-55.

［160］薛薇. 统计分析与 SPSS 的应用[M]. 北京:中国人民大学出版社,2011.